水产养殖用药问题解析
与"零用药"的实现

（第二版）

蒋发俊　吕　军　张圆圆　著

化学工业出版社
·北京·

内容简介

　　本书上篇是对水产养殖病害防治与用药问题解析,重点介绍了水产养殖中常见病、寄生虫病等病害的危害与用药问题。作者通过大量真实事例,包括许多亲身经历的事例来分析说明传统水产养殖病害防治措施、理念、方式方法的种种弊端。

　　本书下篇是作者尝试建立水产养殖业"零用药",实现真正生态养殖、绿色发展的一些理论体系及措施建议。

　　本书针对水产养殖生产滥用药物最为普遍的问题,进行了科学剖析并提出具体应对措施。

　　本书适合水产行业管理者、技术人员和生产者阅读参考。

图书在版编目 (CIP) 数据

水产养殖用药问题解析与"零用药"的实现 / 蒋发俊,吕军,张圆圆著. -- 2 版. -- 北京:化学工业出版社,2024. 11. -- ISBN 978-7-122-46532-0

Ⅰ. S948

中国国家版本馆 CIP 数据核字第 20246D9M83 号

责任编辑:张林爽　　　　　　　　　　装帧设计:关　飞
责任校对:李雨晴

出版发行:化学工业出版社
　　　　　(北京市东城区青年湖南街 13 号　邮政编码 100011)
印　　装:河北延风印务有限公司
710mm×1000mm　1/16　印张 11½　字数 160 千字
2025 年 1 月北京第 2 版第 1 次印刷

购书咨询:010-64518888　　　　　　售后服务:010-64518899
网　　址:http://www.cip.com.cn
凡购买本书,如有缺损质量问题,本社销售中心负责调换。

定　　价:58.00 元　　　　　　　　　　版权所有　违者必究

第一版序

我国是世界水产养殖大国，但随着水产养殖不断发展，暴露出的问题越来越突出，不仅养殖病害肆虐流行、养殖水环境污染严重，而且水产品质量安全也是堪忧。特别是近几年来，水产品药物残留超标被检出并频频曝光，水环境保护要求也越来越严格，被限养、禁养的范围和力度越来越大。在上述多重压力之下，水产养殖业的发展已经陷入困境之中。

该书就是在上述背景下应运而生的，作者从业三十多年来，大多数时间都处于养殖基层水产技术推广一线。近几年来，结合自身经历的大量实例，面对诸多困境和困惑，以不同视角进行思考与探讨，并提出了一些新的论述与观点。

诸如，养殖生产中，出现的许多水质恶化以及病害频发状况，都是由池塘污染与自净能力难以匹配或不平衡造成的。而这种污染与自净能力的不平衡，主要是由频繁杀菌杀藻杀虫，人为破坏池塘生态系统及其自净能力造成的。由此导致"越施药越发病，越发病越施药；施药量越来越大，病害越来越严重"恶性循环的状况。

由此提出生态养殖的真正内涵，就是充分利用池塘生态系统的"化腐为生"神奇之变，即池塘养殖产生的残饵、粪便等污染物通过生态系统转化为细菌、藻类、浮游生物等天然生物，继而再转化为有价值的水产品。充分理解、认知这一点，并科学运用于养殖实践，才可能实行真正的生态养殖。

　　作者从藻类种间吸收利用营养的竞争优势比较以及局部出现的营养限制，分析得出蓝藻水华暴发的成因及其暴发机理，并提出经济可行的、有效的解决办法和措施。

　　作者认为池塘养殖的藻类管理非常重要，其管理的目的就是要维持养殖水体藻类生态功能的连续和稳定，避免藻类缺失断档，所以在管理上应采取的两项科学有效措施，一是维持藻类生长与被牧食消费之间的平衡，避免藻类的疯生疯长；二是避免形成藻类营养的限制。

　　书中一些论述与观点，比如对传统水产养殖病害防治用药的反思与质疑，可能会出现一些争议。对此，我们应持有包容、开放的心态来看待这些创新性的论述与观点，让实践来验证。

上海海洋大学水产与生命学院教授、博士生导师

成永旭

前言

在生产实践中，我国水产养殖病害防治不论是防还是治，都过于依赖药物杀灭病原体这一个环节，忽视养殖动物本身具有的免疫力在抗病防病方面的主导作用，也忽视池塘生态水环境自净能力的作用。病害防治使用药物最常用的方法，一是泼洒法，二是内服法。病害预防措施的一再加强和强调，仅仅体现在泼洒药物频次与内服药饵次数的增加上。

特别是近年来，病害防治措施越来越加强，施药成本越来越高。但事与愿违，病害越来越严重，越来越难治。暴发性病害流行范围广、时间长，由病害造成的死鱼损失越来越大。

与此同时，水产品质量安全越来越受到重视，管理部门对水环境保护要求越来越严格，被限养、禁养的力度和范围越来越大。在上述多重压力之下，水产养殖业已经陷入发展困境之中。

一些生命力、免疫力很强的品种如鳖、鲶鱼、乌鳢、泥鳅、黄颡鱼等，为什么经人工养殖没有几年时间，就会病害频发、死鱼不断、免疫力低下呢？

笔者通过亲身经历的大量实例，结合养殖池塘水体生态系统物质转化、循环运行与自净能力方面的科学知识。深刻认识到，向池塘水体频繁泼洒抗生素、杀虫剂、水体消毒剂等化学药物，是对池塘生态环境的肆意破坏，都有害于鱼类自身。

　　真正的生态养殖，就是充分利用池塘生态系统物质循环转化规律，将池塘残饵粪便等有机污染物最大限度转化为天然鲜活生物，实现自我净化目的；在此基础上将这些天然鲜活饵料最大限度转化为有价值的水产品。书中阐述了天然生产力两大基础来源，一是以藻类为基础的光合食物链网产生的；二是以细菌为基础的呼吸食物链网产生的。这方面内容在第二版得到了补充与完善，诸如"从生态系统来看水产生态养殖的独特性""天然生产力就是池塘生态系统自净能力的体现""水质管理科学性体现在天然生产力潜力挖掘以及充分有效的利用"等内容。在"常用的几项水质参数"一章，以及"养殖池塘中的氧化还原反应及其电位"一章中作了一些内容的完善，增加了碱度与硬度、氧化还原电位在养殖生产中的科学运用以及指导作用。

　　针对养殖生产滥用药物最为普遍的重点方面，第二版增加了科学剖析与应对的具体措施，如针对泛滥施用的肥水产品，增加了"养殖鱼类粪便残饵是池塘最优良的肥料"一章；面对大面积杀青苔不断造成药害事故，增加了"如何解决青苔防治难题"一章；针对致使养殖户损失惨重的春季"鱼瘟"，增加了"慢性气泡病是春季'鱼瘟'暴发的主要诱因"一章。

　　由于笔者学术水平及认知所限，书中难免存在疏漏、不妥之处，敬请广大读者批评指正。

蒋发俊

上篇

水产养殖病害防治
与用药问题解析

第一章
水产养殖病害的肆虐流行

近十几年来，我国水产养殖病害防治状况堪忧，一方面用药成本越来越高，每亩（1 亩 ≈ 667 米^2）用药成本与十多年前相比，上涨了 10 倍左右；另一方面病害反而越来越严重，发病率高且发病快，病死率高，病害流行面积广，流行时间长，涉及养殖品种多，而且治疗起来极其困难。该状况严重阻碍水产养殖业的发展。

一、鲫鱼"鳃出血"、大红鳃病害流行

鲫鱼本身是抗逆性、抗病力很强的优良品种，是我国主要的养殖品种。其中江苏是我国最主要的鲫鱼养殖集中地区，养殖条件好，亩产高，各种配套设施齐全，现代化渔业建设方面走在全国前列。

2007 年开始，华东地区养殖的鲫鱼开始被孢子虫病造成的苗种及成鱼大规模死亡所困扰，治愈率低。后来大红鳃病出现。2009 年"鳃出血"暴发，其中鲫鱼"鳃出血"由于发病快、传染率、死亡率高，往往最令养殖户头疼。数据显示，从 2009 年到 2015 年 6 年时间里，"鳃出血"肆虐江苏鲫鱼养殖业。据统计，鱼病暴发高峰期，曾经发病鱼塘面积占养殖面

积近 8 成。同时传染速度快，一口塘发病，周围十口塘、百口塘发病的现象屡见不鲜。

据江苏省射阳县黄沙港从事多年水产养殖的人士说，自 2009 年以来，每到异育银鲫"鳃出血"病发生的季节，每天仅从黄沙港养殖区拖出去的死鱼就不止 30 万斤（1 斤＝500 克）！不少的养殖户因为鱼病的暴发而返贫了，还有一些养殖户出现"跑路"现象。

截至 2017 年，华东地区鲫鱼养殖集中区病害流行依然是年复一年，连绵不绝。

二、罗非鱼链球菌病害流行

罗非鱼具有生长快、产量高、易饲养、食性杂等特点，是联合国粮农组织推荐的世界性优良养殖品种之一。但随着养殖规模的扩大、养殖环境的恶化，罗非鱼链球菌病频繁暴发，呈现病情复杂、持续时间长、防治难度大、病死率高的特点。尤其 2009 年以来，我国罗非鱼主要养殖地区广东、海南、广西等地暴发严重的罗非鱼链球菌病害，给养殖户造成严重的经济损失，严重阻碍了罗非鱼养殖业的健康发展。

罗非鱼链球菌病害流行高发期为 5～9 月份，流行水温为 25～37℃，在水温 30℃以上易发，传染性强，发病率达 30％～50％，发病鱼塘的死亡率可达 60％～100％。

2010 年之前，主要是 100 克以上的罗非鱼发病，2011 年后 100 克以下的苗种也常有此病发生。其中 2014 年 6～7 月份，广东茂名地区（高州、化州、茂南等）发病严重，发病率达 70％～80％，高州部分区域甚至达到 90％，死亡率在 70％以上。此次链球菌病 6 两（1 两＝50 克）以上大鱼和 0.5～3 两的苗种均大面积暴发，而且小苗的死亡率更高，小苗发病后一开始少量死亡，随后 2～3 天大量死亡，有时全军覆没。整体来说 2014 年罗非鱼的链球菌发病情况可以说是近几年最严重的一次，而且大鱼、小鱼均发病严重，表明链球菌病暴发的鱼体规格和程度有扩大化和严重化的趋势。

目前尚无有效治疗链球菌病的药物，发病后养殖户大多大量使用磺胺类药、抗生素、中草药，但效果时好时坏。

三、鮰鱼暴发性疾病流行

斑点叉尾鮰是我国 20 世纪 80 年代从美国引进一个优良养殖品种。30多年的时间里，养殖技术不断提高，养殖规模不断扩大，近年产量一直处在 20 万吨/年以上。斑点叉尾鮰无鳞、无肌间刺，吃起来极为方便，而且营养丰富、味道鲜美，尤其在美国的地位很高。

我国斑点叉尾鮰养殖主要集中在湖北、广东、广西、河南、四川、江苏等省份，由于 2015 年以来鮰鱼市场价格高、利润空间大，养殖户积极性很高，养殖面积进一步扩大。

但是，伴随着鮰鱼养殖热潮高涨，鮰鱼暴发性疾病在全国各个养殖主产区流行，给鮰鱼养殖户造成了严重的经济损失。该暴发性疾病有说是由鮰爱德华菌引起的鮰鱼细菌性败血症，有说是由嗜麦芽寡养单胞菌引起的鮰鱼套肠病，有说是由大量纤毛虫寄生引起的烂鳃及头部、鱼体溃烂。显示的病鱼症状主要表现为体表（特别是腹部和下颌）充血、出血和褪色斑；有的病例头部和躯体发生溃烂，一侧或两侧眼球突出，鳃丝黏液多而灰白；腹部膨大，打开腹腔内充有淡黄色或带血的腹水，胃肠道黏膜充血、出血，肠道发生套叠，甚至肠脱，肠腔内充满淡黄色或含血的黏液。

该病暴发流行时间多在每年开春的 3～4 月份，水温在 15～25℃，进入 5 月份该病慢慢减少。

自 2011 年起，连续五六年，河南省郑州市东郊、中牟县、荥阳市等地鮰鱼养殖每年 4 月份均出现鮰鱼暴发性疾病，造成鮰鱼大量死亡。2013年 4 月份，郑州市金水区兴达路社区孙岗村养殖的鮰鱼，仅半个月死亡达10 多万斤。该病呈现发病急、发病时间短、死亡率高、常规施用药物无治疗效果的特点，而且各种年龄的斑点叉尾鮰都可能发病。

相关资料显示，2015 年 4 月份，湖北省仙桃市胡场镇一个鮰鱼养殖村，出现鮰鱼苗暴发性疾病，损失鮰鱼 350 万斤。2016 年 3～4 月份，四川省井研县养殖鮰鱼出现大量死亡，据统计发病率 10% 以上，病死率 50% 以上，保守估计死鱼量达 50 万公斤以上。2016 年 3～4 月份，乐山市纯复乡、分全乡、童家镇许多养殖户的斑点叉尾鮰大批暴发性死亡，死亡总量达几百万斤。

进入 2017 年，全国各地鮰鱼养殖区该疫病依然肆虐横行，没有丝毫收敛，且有扩大加重的趋势。相关资料显示，江苏省养殖鮰鱼自 3 月 18 日起出现零星死亡，到 4 月中下旬发病增加，死亡量增长迅速，曾有一个 300 亩的池塘每天死亡 10 万斤的案例。高峰期大丰、射阳等地每天的死鱼数量都超过 120 万斤。发病急、病程长是此次暴发鱼病的特点，不少养殖户反映用药控制效果不佳，且有越用药死鱼越多的现象。

第二章
水产养殖中寄生虫病害防治
与用药问题解析

一、寄生虫病害防治中出现的问题

笔者曾在 2011 年做过郑州市鱼病流行情况及用药状况的调查研究工作，并写出了相应的调研报告。在涉及寄生虫病害防治药物及其诊治工作中暴露的主要问题，就是寄生虫病害有效治疗药物的欠缺以及诊治人员技术水平参差不齐。

1. 鱼类寄生虫病害有效治疗药物的欠缺

现在渔药市场，一些被用于寄生虫病治疗的药物投入已经几十年，至今还在使用，其病原体的耐药性大大增强。如 0.7 毫克/升的硫酸铜与硫酸亚铁合剂（5：2）治疗车轮虫等寄生虫，这是在 20 世纪 50 年代被筛选研发出来，一直到现在，治疗车轮虫还在使用。刚开始使用时，治疗车轮虫效果很好，但随着车轮虫对其耐药性逐步增强，原来的剂量治疗效果大减，如提高硫酸铜施药剂量，将损及鱼类。

由于渔药研发工作的欠缺，养殖生产中将一些化工产品和兽药、农药简单拿来作为寄生虫病防治药物来使用。如硫酸锌、甲醛溶液、高锰酸钾、亚甲蓝、硫黄、阿维菌素、伊维菌素、菊酯类等。有些养殖户甚至将人用药物直接搬来作为渔药使用，如使用人用的肠虫清来治疗鱼类肠道寄生虫。

原来治疗一些寄生虫病（如小瓜虫、车轮虫等）疗效比较好的药品，如硝酸亚汞等，被列为禁药不准使用，其替代药物欠缺，或替代药物需要进一步研发完善。小瓜虫病、车轮虫病作为养殖生产中的顽疾难以治愈的原因就在于其替代药物的缺失。特别是这两种寄生虫病对鲴鱼、草鱼等养殖鱼类的苗种阶段危害非常大。如鲴鱼鱼苗患上小瓜虫病，若不能采取相应正确的措施，可能导致全军覆没。

名优养殖品种及一些无鳞鱼类养殖的兴起，使渔药的缺乏体现得更加明显，它们对常用的寄生虫类杀虫剂往往非常敏感，治疗剂量往往导致其中毒死亡。

2. 鱼病诊治人员业务素质和技术水平参差不齐

在鱼类病害防治方面，其诊断、用药、治疗等环节缺乏统一的管理与规范。先从诊治人员主要的也是常用的仪器工具显微镜来说，所用的显微镜多是几百元钱购置的，养殖区域的道路崎岖颠簸，加上巡诊人员对显微镜的维修和更新不到位，所以经常是下去巡诊的人员带的显微镜，其物镜5倍、10倍、40倍、100倍齐全能正常使用的不多。这还跟巡诊人员对寄生虫病原体的认识误区有很大关系，大多数人员认为5倍、10倍这些低倍的物镜头就能鉴别看全寄生虫病原体，个别人戏称一个镜头就能"包打天下"。试想一下，常见的指环虫（体长1~2毫米）长度大小是毫米级的，而一些孢子虫（5~15微米）的大小是微米级的，一个物镜头岂能"包打天下"？

一些微米级的寄生虫，需要放大400~640倍才能清楚观察到，如果只有低倍镜头，出现漏诊、误诊是不可避免的。即使物镜镜头齐全，由于大多数基层巡诊人员做片子时都是用两个厚厚的载玻片叠在一起，而不是正确制作观察片，这样导致低倍镜头难以顺畅转换到40倍镜头，所以就算有 40 倍物镜头，也很少用到，常常会出现漏诊、误诊，不能正确鉴别寄生虫，也就无法做到对症下药，采取正确的治疗措施。

一线巡诊人员即使正确鉴别出了寄生虫，在开具处方时其药物剂量也是偏保守的。近几年来，池塘载鱼量大，水体环境缓冲度大大降低，易变难控制。养殖鱼类免疫力和抗病力也大大降低，施药稍有不慎就有可能出问题，造成大量的死鱼损失。一些养殖户对于病理发展过程缺乏正确的认识，在病害初期、发展期施药不当，都有可能造成施药后死鱼增加的现象，遇到这种情况，巡诊人员常会被埋怨、责怪。所以，一线巡诊人员在开具处方时，其药物剂量常常是偏保守的，以避免出现问题。

所以，以上这些鱼病防治过程中的种种情况都是寄生虫产生耐药性的原因，施药成了鱼类寄生虫病原体耐药性培养的"锻炼"活动。

二、杀虫剂不当使用的危害

一般来说，鱼体鳃部和体表存在少量寄生虫是很正常的。若出现寄生虫数量增加导致鱼体正常生理机能受到影响时，鱼体自身的免疫系统就开始发挥作用，如鳃部、体表分泌黏液，致使寄生虫难以适应或难以生存，或被迫离开鱼体，或不能繁殖，寄生虫数量受到控制。在水体环境良好状态下，寄生虫数量在健康鱼体上一直受到鱼机体的控制，不构成危害。

当水体环境恶化，或缺氧，或氨氮、亚硝酸盐超标，或 pH 忽高忽低等等，致使鱼体处于应激状态，其免疫力和抗病力下降，鱼体鳃部或体表寄生虫数量不受控制地增加，此时形成了寄生虫病害。所以说，寄生虫是鱼类所在水质环境的舒适度与鱼健康程度的指示生物。

生产实践中，滥用杀虫剂常见有下列四种情形，一是依据传统病害预防措施的要求，定期杀虫，不管寄生虫数量的多少，也不顾寄生虫是否有危害，一般半月施用杀虫剂一次，或普遍存在"治病先杀虫、杀菌先杀虫"的认识误区，不管鱼体是否有寄生虫，经常泼洒杀虫药物；二是受巡诊人员的指导，当渔药店的"渔医"或厂家巡诊人员用显微镜镜检鱼体样品时，只要观察到寄生虫，不论寄生虫数量多少，都说服养殖户施用杀虫剂；三是养殖户根据经验自主施用杀虫剂，如喂料时，饲料台前方吃料的鱼群出现了"炸群"，或巡塘时发现有鱼儿跳，或池鱼上浮漫游，出现"暗浮头"现象等等，养殖户根据过往的经验，不用镜检就主观判断鱼儿有寄生虫，直接施用杀虫剂；四是早上或傍晚，只要发现有轮虫、枝角类等浮游动物集群成团的现象，就认为浮游动物多了，浮游动物大量耗氧，必须泼洒杀虫剂杀死这些浮游动物。

三、杀虫剂的危害

外用杀虫剂绝大多数是采取全池泼洒的方式施用的，这样的施用方式对养殖水体生态系统的破坏及其对水产动物自身的伤害都很大。

1. 对养殖水体生态系统的破坏

养殖水体生态系统应该是物质循环与生物转化协调顺畅的一个系统，生物转化是沿着生物链或生物网进行的，每一链节的生物都是以前一链节生物为食，它自身被后一链节生物所食用……这是一个相互制约、相互平衡、协调循环的过程。其中任何一个链节生物被人为杀灭导致生物链条中断，都会对水体生态系统产生巨大的破坏。

杀虫剂的全池泼洒必将杀灭水中的原生动物和浮游动物，由此造成的破坏可以从以下三个方面来说明。

第一方面，从寄生虫病害控制来说，水中浮游动物常常是一些寄生虫幼虫或原生动物类寄生虫的捕食者，浮游动物的缺失，就是这些原生动物类寄生虫或寄生虫幼虫的"天敌"消失了，从而失去生物控制寄生虫病害的生态方法。

第二方面，原生动物和浮游动物多以藻类为食，滥施杀虫剂导致这一链节的缺失，会促使藻类增殖迅猛泛滥，引发水体 pH 值居高不下，继而引起藻类水华、倒藻等一系列生态问题。

第三方面，浮游动物是所有水产动物特别是苗种阶段最优良的食物，这些鲜活饵料也是许多偏肉食性水产动物育苗时期所必需的开口饵料。这些鲜活饵料不但营养价值高，容易被消化吸收，促进生长发育，而且对水产动物具有增强免疫力和抗病力的作用。在实际养殖过程中，这一点往往被忽略，没有加以利用，还常常施用杀虫剂以致杀灭了大量浮游动物。培养及充分利用浮游动物等鲜活饵料，对于苗种阶段的寄生虫病害防治有着极其重要的积极作用。

2. 杀虫剂施用伤及鱼体

外用杀虫药大多具有高毒性和高渗透性，效果越好，其对鱼体危害性也越大。杀虫剂全池泼洒，杀虫药就会通过渗透作用进入鱼体，进入鳃部、肝肾等实质器官组织并伤及这些器官组织，一些损伤是不可逆的。同时其呼吸、免疫、造血和排泄等功能随着受损，导致鱼体正常生理机能受到影响，鱼体免疫力和抗病力下降。

四、锚头蚤不用杀虫剂能自然消失吗?

2015年12月的一天，笔者办公室来了一群人，提着几条身上满是红点的鲢鱼。他们来自一大型水库，承包经营着该水库的渔业业务，马上就要进入冬捕收获季节，可是鱼身上有许多锚头蚤，满是红点，还挂有少许的灰毛，影响鱼的卖相。

他们来之前，一家渔药厂的业务员已经到水库找他们几次了，试图说服他们全水库马上泼洒杀虫剂，并许诺药到病除。由于施用量太大了，他们也没了主意，所以来到我们单位咨询。

要不要施用杀虫剂这一点，我们单位技术人员是有分歧的。我的意见是不能施用杀虫剂。

之后几天，渔药厂业务员又去说服他们施用杀虫剂。水库的技术员又打来电话询问，并通过微信或电话频繁联系，还传了许多照片。期间我详细向他讲述了不能施用杀虫剂的原因，从施用杀虫剂对水库生态系统的破坏到讲解锚头蚤的寄生特点、寿命及其生活史等。

锚头蚤的生活史从虫卵经过 5 期无节幼体和 5 期桡足幼体，第 5 期桡足幼体交配，一生仅一次。交配后雌虫寻找适宜宿主（即免疫力降低的水生动物）寄生，再经过童虫、壮虫和老虫 3 个阶段，其寿命随温度高低而有所差别，一般 20~30 天。

锚头蚤在鱼体寄生时，头部插入鱼体，躯干部露在外面。童虫状如细毛，白色无卵囊，寄生部位有血点；壮虫虫体透明，可见黑褐色的肠道蠕动，卵巢在肠道两侧明显，常有一对绿色卵囊拖在后面；当进入老虫阶段，虫体浑浊不透明、变软，并往往布满藻类和固着类原生动物，俗称"挂脏"。

从该水库鲢鱼样品来看，寄生的锚头蚤已经处在老虫阶段或处在死亡状态，只是挂在鱼体上，由于冬天温度太低，挂在鱼体上的躯干没有腐烂分解而已，不需要再用杀虫剂。

处于壮虫阶段的锚头蚤，头部深深插入鱼体里面，长出头角，形如铁锚，露在外面的只是虫体的躯干体节。即使使用浸泡杀虫剂药物的浓度（一般浸泡浓度是泼洒浓度的 10 倍）浸泡，浸泡到鱼都难以忍受时，也不一定杀死寄生在鱼体身上的锚头蚤，渔药厂业务员说的药到病除，根本达不到。

他们的技术员问：不用杀虫剂，锚头蚤能消失吗？

我回复：开春后，随着水温的升高，水库中饵料生物慢慢丰富，鱼的营养状况好转，鱼的免疫力增强；饵料生物中浮游动物（枝角类、桡足类）可以锚头蚤的虫卵、无节幼体为食，即浮游动物是锚头蚤虫卵及幼虫的天敌，浮游动物多了，锚头蚤可以大大减少，这比施用杀虫剂要经济、环保、有效多了。所以从上述两方面分析，锚头蚤症状可以大大减轻。

随后，我又到水库现场去了一趟，经过反复解释说明，终于说通了，他们心里踏实了，不再为要不要施用杀虫剂而纠结了。

2016年3月下旬，他们从水库中捕获的鱼看到，鱼体上锚头蚤基本消失了，只有很少量鲢鱼身上还存在个别的红点，不会影响卖鱼了，他们马上联系捕捞队进行捕鱼。捕鱼收网、卖鱼持续了一个多月。

五、一档电视节目带来的启示

中央电视台七套《致富经》栏目，播放了一期《虫子改变的泥鳅财富》电视节目，讲的是安徽省合肥市庐江县一个小山村泥鳅养殖的故事。

节目中一个农村青年，在外做了多年的路桥工程，为了照顾年迈的父母，回乡搞起水产养殖。在村头，他利用两个自然坑塘，投资改建了200多亩池塘用来养泥鳅。第一年泥鳅成活率很低，失败了。猜想是泥鳅苗质量问题，第二年他又更换了一家苗种场购买泥鳅苗，结果还是死苗不断，镜检，发现大量的车轮虫。由于受到车轮虫病困扰，泥鳅养殖同样失败了，连续两年养殖失败，亏损了一百多万元，使他陷入了困境。

第三年，他从湖北请到了一位技术员，在这位技术员的帮助下，泥鳅养殖终获成功。泥鳅苗种阶段，不喂人工饲料，而是夜晚采取灯光诱虫捞虫，拿这些捞来的虫子泼撒到泥鳅苗池，节目中说捞来的虫子是用来吃掉寄生在泥鳅身上的车轮虫。这项技术措施使得泥鳅养殖大获成功，当年泥鳅销售额达390万元。

从该电视节目可以看出，生物控制、以虫治虫的寄生虫生态防控技术不仅可行有效，而且已经用于养殖实践。

作为一档电视节目，它的侧重点在于宣传农村创业青年的创业心得，养殖技术环节分析得不是很到位。泥鳅繁育或育苗过程"寸片死"的现象很普遍，"寸片死"指的是泥鳅水花培育至3～4厘米寸片规格，成活率非常低，据有关专家估算，目前只有5%～10%（2015年）。

泥鳅苗最好的开口饵料就是轮虫，接着就是枝角类。这些浮游动物是质量再高的人工饲料也无法替代的，缺少了这些鲜活浮游动物饵料，泥鳅苗就会自相残杀，成活率很低，而且培育的泥鳅苗体质差、免疫力低，非常容易受到车轮虫等寄生虫的侵扰。

一旦遇到车轮虫寄生，数量少时，只要水体环境良好以及苗种体质健康，不足为虑，完全依赖鱼苗自身的免疫力就行，鱼苗免疫系统可以实时工作，限制和控制车轮虫等寄生虫的数量增加。如果此时施用杀虫剂，情况将变得糟糕。由于"以防为主"理念的根深蒂固，养殖户经常不管有没有车轮虫寄生，接二连三施用杀虫剂，那更是错误。首先，施用杀虫剂伤损鱼苗自身，降低其免疫力和抗病力；其次，施用杀虫剂，杀灭车轮虫等原生动物类寄生虫的"天敌"——浮游动物，致使寄生虫泛滥；第三，施用杀虫剂，杀灭浮游动物，导致苗种优良天然的鲜活饵料更加缺乏，降低苗种的免疫力。

六、治疗鲫鱼纤毛虫病的经历

2003～2005年笔者自己养过两季鲫鱼，2003年6月份从湖北省嘉鱼县购进2～3厘米长的鲫鱼苗，放苗前按传统做法，施用发酵粪肥肥水。因本身池底比较肥沃，粪肥用量比正常量少。初期养殖过程很顺利，当年10月底至11月初停料时，鲫鱼个体已长至0.8～1.1斤。

2004年春节过后，农历正月中旬，工人给我打电话说，巡塘时发现有个池的鲫鱼在池边漫游，并捞出了两条死鱼。起初我不太在意，让工人留意观察着。隔了几天，工人打电话说，每天都死鱼，死鱼数增多了，每天捞出3～5条死鱼。出现这种情况，习惯做法是施药消毒。我安排工人第二天施用含氯制剂，隔一天，再施用溴氯海因。

5～6天后，病情进一步加重，每天的死鱼数增至10多条，看来施用的水体消毒剂不起作用。这时候我感到问题严重，需要重视了。我带了一台显微镜赶到渔场，捞出两条漫游的鲫鱼，镜检发现鱼鳃上有大量的纤毛虫。镜检后我来到该鱼池边，观察鱼的情况，并让工人用盆端来一些饲料，在饲料台上手撒，慢慢地，零零星星的鱼上来吃食。既然鱼上来吃食，就喂，安排工人在天晴太阳好时，上午、上午各饲喂一次。

当时郑州渔药店很少，时间恰好是在春节后没有出正月，没有渔药店开门，无法购买到治疗纤毛虫的药物。于是我找到了一家化工厂，买了一袋 50 千克装硫酸锌，安排工人施用，施用第 1 次后，隔一天再施第 2 次，施药期间坚持喂鱼不间断。结果病情很快好转，死鱼的情况也很快控制住了，饲料台前鱼上来吃料也比较好。

这件事的处理及其效果，当时我还非常满意。及时查找病因，对症下药，药到病除。硫酸锌治疗纤毛虫类寄生虫的效果非常好。

一年过去了，采用同样的模式、同样的规格养殖的鲴鱼，到了 2005 年春节的正月初五，我就安排工人在天晴阳光好时尝试喂料，几天之后，可以开投料机喂料了。初十过后，我在渔场住了几天，因为前一年鲴鱼的发病，使我格外留意。但鲴鱼没有出现去年的情况，没有发病，没有出现死鱼，也没有出现漫游呆滞溜边的鲴鱼。捞了两条鱼，镜检，鱼鳃、体表的纤毛虫也很少见了。仅仅是比去年喂料提前了半个多月，烦人的纤毛虫病居然没有出现。

七、鲴鱼苗患上小瓜虫病，难道不用杀虫剂吗？

有时下到渔区基层或给渔民培训的场合，我都主张不要施用杀虫剂，往往被反问最多的是：鱼苗患上小瓜虫病，鱼苗大量死亡，不施用杀虫剂，你说怎么办？

鱼类患上小瓜虫病，往往引起大量死亡，有时全军覆没，所以小瓜虫病被称为鱼类寄生虫病中的"绝症"。特别是鱼苗阶段，如果患上小瓜虫病，对于养殖户来说，可以说是"灭顶之灾"。

近几年来，鲴鱼价格一直不错，相对于别的养殖品种，养殖利润比较丰厚，养殖户热情高，养殖面积不断扩大。但鲴鱼苗成活率实在太低，大部分因为患上了小瓜虫病而死亡。鲴鱼苗种培育阶段的养殖户对小瓜虫病甚至到了"谈到小瓜虫而色变"的程度。

下面讨论两个问题：一是鲴鱼苗是怎么感染小瓜虫的？二是全池泼洒

杀虫剂能有效治疗小瓜虫病吗？

鮰鱼是偏肉食性的鱼类，鱼苗阶段必须具有丰富的鲜活饵料。缺乏鲜活饵料，鱼苗免疫力和抗病力将会大大下降。池塘中的浮游动物是天然的非常优良的鲜活饵料，所以鱼苗放养前需做好浮游生物培育工作，做好"肥水"，轮虫出现的高峰期即是鮰鱼苗下塘的好时机。

池塘中存在大量的浮游动物，一方面可以给鮰鱼苗提供充足的鲜活饵料；另一方面浮游动物摄食小瓜虫幼体，即浮游动物是小瓜虫（纤毛幼体）的"天敌"。因此浮游动物大量存在就能有效控制小瓜虫，而且经济、环保，这是任何杀虫剂所不能比的。

鮰鱼苗是怎么患上小瓜虫病的？

黄河滩的渔区，笔者了解的鮰鱼苗养殖户苗种培育是这样的：一是鱼苗下塘前，不能"肥水"，不做浮游动物的培育，要做到鱼苗"清水"下塘。他们的理由是，肥水会使鱼苗得上"气泡病"，会造成鱼苗大量死亡。

二是加强小瓜虫病的"预防"工作。鱼苗下塘后 3 天左右，开始第一次全池泼洒预防小瓜虫的杀虫剂，隔 5～7 天后施用第二遍，并依次做好施用第三遍的准备工作。

一般施用第二遍杀虫剂时，鱼苗鳃上或体表小瓜虫就出现了。当镜检看到小瓜虫时，养殖户或加大杀虫剂施用剂量，或变换杀虫剂，或 2～3 种药物放在一起施用……鱼苗大量死亡不可避免，甚至全部死光。

分析原因，是他们的饲养方式和采取的预防措施助长了小瓜虫病，他们没有提供给鮰鱼苗丰富的鲜活饵料，而且接二连三施用杀虫剂杀灭池塘中天然的、优良的鲜活饵料——浮游动物，导致鮰鱼苗免疫力和抗病力大大下降，使小瓜虫感染成为可能；接二连三施用杀虫剂杀灭池塘中浮游动物，杀灭了小瓜虫及其纤毛幼体的"天敌"，助长了小瓜虫病的暴发肆虐。

第三章
鲤鱼"急性烂鳃"防治
与用药问题解析

一、鲤鱼"急性烂鳃"的由来

2007 年开始鲤鱼养殖就出现流行性疾病暴发的现象，发病急、死鱼快、病死率很高，当时惯用的病名是"鲤鱼暴发性出血病"。随着该病的流行蔓延，发现该病普遍的症状不是出血症状而是烂鳃症状。因为烂鳃是鱼类疾病所共有的基础症状，只因该病发病急、死鱼快、病死率很高的特点，取名鲤鱼"急性烂鳃"，并口口相传，一直沿用下来。

到 2012 年，该病流行暴发达到了很严重的状况。因此，鲤鱼"急性烂鳃"在 2012 年的关注度达到了顶峰，成为行业内议论、探讨与研究的热点。当年主流观点有两个，一是认为鲤鱼"急性烂鳃"是由锦鲤疱疹病毒（KHV）引起的，因为只有病毒引起方可解释该病害发病急、病死率高的特点；二是认为鲤鱼"急性烂鳃"是一种急性传染病，该病传染力极强，在大多数基层养殖户中认可这种说法。

二、 2013 年对鲤鱼"急性烂鳃"的了解与认识

1. 鱼病测报中初识鲤鱼"急性烂鳃"

郑州市荥阳广武黄河滩区是个万亩鲤鱼养殖集聚区，也是郑州市主要的水产养殖基地。2013 年在该区域设置了郑州市鱼类病害的一个测报点。由于病害测报需要，一进入 4 月份，技术人员就需要定期到现场进行鱼病检测或数据收集。进入 5 月份，不少池塘呈现出鲤鱼"急性烂鳃"的前期症状，池鱼不耐低氧，一般阴天白天浮在水面，呈漫游状态。捞起漫游的鱼，打开鳃盖肉眼观察，鳃上有大量黏液，挂有脏物，鳃色暗红发乌或棕褐色，鳃丝发叉，具有烂鳃症状。

2、鲤鱼"急性烂鳃"的症状

出现鲤鱼"急性烂鳃"前期症状的池塘大多数呈现 pH 居高不下、氨氮超标和亚硝酸盐高的特征，池养鲤鱼上浮漫游，不耐低氧，摄食不好。一旦水质调整过来，或天气晴好，鱼摄食情况马上转好。检查鱼鳃可见有轻度的烂鳃症状，镜检鳃上有大量的孢子虫和含有小配子囊包。该时段应该是提高水体生态系统自净能力，改善水质，控制孢子虫，对症下药，避免"急性烂鳃"病发生的时期，该时段如果没有采取正确的防治措施，病害就会继续发展下去。

（1）轻度症状（Ⅰ期） 阴雨天，上午增氧机停不了，有不少池鱼上浮水面漫游着。下午天还没黑，就需要早早打开增氧机，该阶段池鱼表现还是不耐低氧，一旦天气转好，溶氧状况改善，鱼照样吃食比较好。该时期依然是改善水质，对症下药，采取正确的措施，避免"急性烂鳃"的病发。如果盲目用药，施用水体消毒剂或抗生素或杀虫剂等，就会破坏水体生态系统，恶化水质，使症状进一步恶化。

（2）中度症状（Ⅱ期） 阴间多云天气，上午增氧机停不了，有大量

池鱼上浮水面漫游着，或晴天上午开着增氧机，仍有少量池鱼上浮水面。该时段一般池鱼吃食不好，也有个别情况，多在下午五六点钟，池塘溶氧充裕时，池鱼吃食状况也会很好，这也麻痹了许多养殖户，没有意识到问题的严重性。此时段如果不能对症下药，盲目用药，施用水体消毒剂或抗生素以及杀虫剂等，就会破坏水体生态系统，进一步恶化水质，容易造成池鱼大批量死亡，即所谓的鲤鱼"急性烂鳃"病暴发。如果采取正确措施，谨慎应对，依然可以避免"急性烂鳃"病的发生。

（3）严重症状（Ⅲ期）　天气晴好，增氧机整天开着，大多数池鱼仍然上浮在水面漫游着，非常迟缓，不受惊扰，一只手就可以把鱼托起拿出来。更严重时，大量的鱼被增氧机转动的叶轮打得身上伤痕累累。该阶段接下来的夜晚，大批量死鱼不可避免。

3. 鲤鱼"急性烂鳃"病因分析

2013年广武黄河滩养殖区域鲤鱼"急性烂鳃"发病情况非常严重。起初都是出现不少池鱼上浮水面漫游，不耐低氧，这时多数是水质出现了问题，pH居高不下，亚硝酸盐含量高，氨氮含量超高且分子氨占比大，池养鱼类处于应激状态，也就是氨中毒，或亚硝酸盐超标造成的暗浮头，症状轻重程度，其实就是氨中毒轻重程度，或亚硝酸盐中毒轻重的程度。采取正确措施，首先就是想方设法改善水质，降低氨氮或亚硝酸盐浓度，减缓或消除应激状态，等待养殖鱼类的慢慢恢复。

而在实际生产中，鱼类上浮水面漫游，不耐低氧，人们首先怀疑是不是鳃上有寄生虫？若卖渔药的巡诊人员镜检发现了车轮虫、指环虫或三代虫，不论多少，就会建议施用杀虫剂，一次没有改善，第二天再加量泼洒一次。

如果鳃上没有发现寄生虫，那就要施用抗菌药或水体消毒剂杀灭病菌，常用的抗菌药有恩诺沙星和硫氰酸红霉素，常用的水体消毒剂有二氧化氯等氯制剂、聚维酮碘等碘制剂、苯扎溴铵等，施用一次病情没有改善，第二天再泼洒一次，有时还会加量。

5～6月份面对居高不下的水体pH，常常连续大量施用醋精和盐酸全池泼洒。

诸如上述的施用杀虫剂、恩诺沙星、硫氰酸红霉素、高质量的氯制剂、高含量的苯扎溴铵以及连续大量施用醋精和盐酸都会出现大量藻类死亡的现象。死亡藻类分解大量耗氧，同时大量死亡的藻类会产生藻毒素，此时没有及时采取相应的措施，健康的鱼都会难以忍受。假如寄生有大量孢子虫，鱼鳃呼吸功能已处于受损衰竭的池鱼遇到上述施药情况，后果就可想而知了，发病急、病死率高、大批量死鱼就在所难免了。

三、孢子虫病与鲤鱼"急性烂鳃"

呈现漫游状态的鲤鱼，打开鳃盖肉眼观察，鳃上有大量黏液，挂有脏物，鳃色发乌，鳃丝发叉腐烂，镜检显示鳃上充满了大量的孢子虫以及含有小配子的囊包。这是 2013 年许多次镜检看到的情形，当年 5～6 月份曾认为孢子虫就是鲤鱼"急性烂鳃"发病的主因。

但鲤鱼鳃上孢子虫并没有呈现传统的病灶，即在鳃弓上形成肉眼可见的豆状或米粒状大小不同乳白色的胞囊，而是像乳白色脓液一样均匀分散在鳃片上。由于当时手边缺少孢子虫方面的资料和文献，加上笔者对孢子虫方面的知识欠缺，对其分类、生活史等不清楚，所以在孢子虫方面治疗上按黏孢子虫类对待。

开始使用地克珠利、盐酸氯苯胍、盐酸左旋咪唑、辛硫磷、敌百虫等传统药物治疗，孢子虫脱落或减少效果不明显。但在随后的实际病例中，虽然孢子虫脱落不明显，只要有效降低氨氮、亚硝酸盐含量，采取改善水质环境的措施，禁止盲目施用抗生素和水体消毒剂，病情都能大为减轻，危机得以解除。

鱼鳃上充满大量的孢子虫肯定会使鱼鳃受损，呼吸功能受到影响，如同人患上尘肺一样，呼吸功能已经受损，但不至于马上危及生命。但如果让这些尘肺病人处于正常人都呼吸困难、窒息的环境里，后果就可想而知了。

应该承认人们在孢子虫治疗方面目前并没有好办法。使用地克珠利、盐酸氯苯胍或盐酸左旋咪唑等药物治疗孢子虫效果不明显，就盲目变换其他杀虫剂，或加上几种杀虫剂混合施用，或加大施药剂量，这些行为都只能使情况更糟糕。

其实鱼类上浮漫游的应激状态，是鱼鳃上充满孢子虫，又叠加氨中毒或亚硝酸盐毒性造成的暗浮头。应该充分认识到这一点，既然孢子虫难以消除，就要把防治重心放在减少水体氨氮、亚硝酸盐含量方面。池塘日常管理中注重提高水体生态系统的自净能力，做好改善水质环境的措施，避免池塘大量耗氧致使缺氧状况的出现。也许做到了这些，依靠鱼类自身免疫力就可以促使孢子虫脱落。

四、 2014 年后鲤鱼"急性烂鳃"的再认识

1. 为何越是加强病害预防工作，鲤鱼"急性烂鳃"发病率越高？

近几年鲤鱼"急性烂鳃"的肆虐流行，使养殖户对病害预防工作越来越重视，更舍得投入成本使用药物。不管池塘水质情况，不论池鱼健康状况，一般采取半月一次消毒，半月一次杀虫，半月一次拌药饵投喂的方法，还有预防工作做得更"到位的"，10 天一消毒，10 天一杀虫，10 天一拌药饵投喂。养殖户施用药物越来越多、施药成本越来越高，相反，鱼的发病率却越来越高；认为有效的治疗药物，施用后反而加重病情，死鱼更快更多。鲤鱼养殖户对此感到迷茫。

2. 正是这些病害预防措施频繁地破坏水体生态系统及其自净能力

为什么病害预防工作做得越到位，鲤鱼"急性烂鳃"发病率越高？针对上述情况，思考两方面的问题：一方面是我们一贯强调的病害预防工作本身是不是有问题；另一方面是泼洒的防治药物都是通过水质环境的变化间接作用于鱼体的，防治药物的泼洒引起水质环境的变化对患病鱼类又会

产生什么样的不利影响。

何谓池塘生态系统的自净能力？就是指池塘水环境中粪便残饵等废弃有机物的处理净化与利用系统。它是通过生态系统物质循环运转体现的，该系统是怎样处理和利用鱼类粪便残饵，这些粪便残饵又是怎么得到净化呢？

图 3-1 是池塘生态系统生物链与物质循环示意图，重点关注藻类（生产者）、水生动物与养殖动物（消费者）、细菌（分解者）三个组成角色。

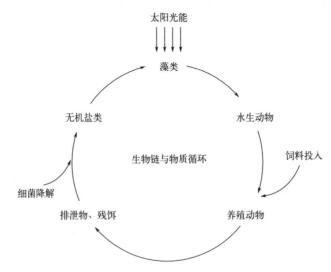

图 3-1　池塘生态系统生物链与物质循环示意

养殖池塘水体中粪便残饵等有机废物被细菌利用，通过呼吸代谢作用，降解成无机营养物质。这些无机营养物质在藻类光合作用过程中，被藻类吸收利用即转化为藻类，从而完成有机废物的净化过程。

在此过程中，细菌的角色可以形象比喻为工厂生产线上的拆卸工，不同细菌群落相当于不同的岗位，通过这条生产线它可以将污染水体的有机物拆卸成 NH_4^+（NH_3）、NO_3^-、CO_2（HCO_3^-）、CO_3^{2-}、H_2O 等简单的零配件，由这些零配件在光合作用下组合成藻类等生物体。

这里把细菌比喻成"拆卸工"，主要便于说明物质（粪便残饵）怎样转化成生物（藻类、细菌）净化的过程，使生态系统整个循环运行能够一目了然。"拆卸工"的比喻有点片面，因为处在物质循环自净的生态系统，细菌不仅仅起着分解者的角色。在这一过程中,细菌以残饵粪便为营养食物,形成了巨大的细菌生物量。

在光合作用下,藻类吸收利用无机营养盐类,大量增殖,并产生氧气。这些大量增殖的藻类形成池塘初级生产力,并被池中养殖动物和其他水生动物直接或间接摄食利用,形成物质转化成生物量的循环。这就是生态系统自净能力的体现。

可以看出,影响池塘生态系统自净能力的两个关键因素就是藻类和细菌。而在实际养殖过程中,人们为了预防病害,频繁施用水体杀菌消毒剂,盲目向水体泼洒抗生素,杀菌杀藻,导致池塘生态系统的自净能力濒于崩溃的状况。这些病害预防措施都在不断地破坏池塘生态系统及其自净能力,更加恶化水质环境。

3. 鲤鱼"急性烂鳃"主要致病因素不能认定为锦鲤疱疹病毒(KHV)

2013 年、2014 年两年发病流行期间,河南省水产技术推广站将鲤鱼"急性烂鳃"病害样本送往深圳出入境动植物检验检疫局技术中心检测,前后共计 19 批病样,锦鲤疱疹病毒(KHV)检测均呈现阴性,无一例检测出锦鲤疱疹病毒(KHV)。

2015 年是河南省鲤鱼"急性烂鳃"病区域防控技术项目启动成立的第一年,全年项目组陆续采集鲤鱼"急性烂鳃"病样 40 个样品,送往深圳出入境动植物检验检疫局技术中心和珠江水产研究所进行检测,39 个病样呈阴性。

2015 年 8 月份,河南省水产技术推广站邀请珠江水产研究所专业技术人员,在省站实验室做了鲤鱼"急性烂鳃"人工攻毒感染试验。采集具有鲤鱼"急性烂鳃"典型症状的病样,提取病鱼肝、脾、肾、鳃等组织,制成组织毒液,人工感染健康鲤鱼,10 组批次均没有感染成功,不能使健康鲤鱼发病。

4. 鲤鱼"急性烂鳃"不具有极强的传染性

2013 年作者就提出了鲤鱼"急性烂鳃"不具有极强的传染性。经过

2014年、2015年对该病害流行病学调研和发病机理的进一步探讨，更加坚定了这一结论。

通过一实例来佐证说明，笔者指导的一个示范户陈某，有鲤鱼养殖池塘4口，每口水面12亩，共计水面48亩。

2013年陈某所在的养殖合作社，同其他养殖区域一样，鲤鱼"急性烂鳃"所导致的死鱼现象非常严重，发病率60%以上，病死率很高，仅在5～6月份就有三个池塘鱼全部死光。陈某周边池塘都出现了鲤鱼"急性烂鳃"现象。

2014年该合作社，鲤鱼"急性烂鳃"发病率有所下降，病死率大大降低，但陈某周边三个池塘还是出现了发病死鱼，死鱼数多在几千斤。

陈某对于鲤鱼"急性烂鳃"没有刻意地采取隔离措施。周边发病池塘的死鱼，多数时候是抛弃在排水沟里，并没有马上挖坑深埋。发病池塘抽水都是抽到排水沟里，排水沟里的水并没有特别处理，都是在排水沟里慢慢渗漏蒸发。

2013年、2014年连续两年，周边池塘鲤鱼"急性烂鳃"肆虐流行，而陈某的池塘并没有被传染，养殖效果非常好，亩产一直处在5000斤左右，饵料系数处在1.5左右。从这个实例佐证了鲤鱼"急性烂鳃"不具有极强的传染性。

5. 鲤鱼"急性烂鳃"就是处于水质恶化应激状态的鱼类，再遭受泼洒治疗药物所导致的

常见的水质恶化而呈现的应激状态主要有如下几类。

(1) 氨中毒

氨氮严重超标，pH又居高不下时，分子氨（NH_3）占比大，毒性非常高。处在这种水质环境的鲤鱼，上浮到上表水层漫游，其实是氨中毒的应激反应，鳃色暗红，俗话说的"暗浮头"。一些体质弱的鱼，难以忍受，就会出现少量死鱼现象。此时正确的应对措施是改善水质环境，恢复和提高水体生态系统的自净能力，降低氨氮、pH，鱼类就会好转恢复过来。

养殖水体的氨氮，一般有两种存在形式，铵离子（NH_4^+）和分子氨（NH_3）。这两种形式都是水体的营养元素，是藻类可以直接吸收利用的氮元素，但分子氨对鱼毒性较大。分子氨和铵离子在水中可以相互转化，它们之间的比例，取决于养殖水体的 pH 值和水温；pH 值越小，水温越低，分子氨的比例也越小，对鱼毒性越低，pH 值低于 7.0 时，几乎都是铵离子；pH 值越高，水温越高，分子氨的比例越大，对鱼毒性越大。

每年的 5～6 月份藻类泛滥是常见的情况，水体 pH 值随着藻类光合作用的增强越来越高，所以分子氨（NH_3）所占比例越来越高，对鱼毒性也就大大增加。养殖鱼类的鳃不仅是呼吸器官，也是主要的排泄器官，体内新陈代谢产生氨氮的排泄，大多通过鳃排出体外，当水环境分子氨含量高时，鱼类氨氮的排泄受阻，造成氨积累中毒，损害鳃组织，脱黏，降低鳃的免疫力，而且致使鳃呼吸功能受损衰竭，这就是氨中毒的机理。

（2）亚硝酸盐、硫化氢等有毒害物质含量超标而导致的应激状态

池塘水体中亚硝酸盐或硫化氢等有毒有害物质含量超标时，鱼类呈现上浮到上表水层漫游、厌食等现象，而且会有少量死鱼，打开鳃盖，发现鳃丝褐色发黑。

亚硝酸盐是氨转化为硝酸盐过程中的中间产物，对鱼虾等水生动物具有一定的毒性。毒性作用机理主要是使鱼类血液输送氧气的能力下降，亚硝酸盐能促使血液中的血红蛋白转化为高铁血红蛋白，失去和氧结合的能力。因此，许多亚硝酸盐高的池塘水体其实不缺氧，但鱼类感觉缺氧。

当养殖水体硫化氢浓度过高时，硫化氢可通过渗透与吸收进入鱼类的组织与血液，与血红蛋白的亚铁结合，破坏了血红素的结构，使血红蛋白丧失结合氧分子的能力，使血液呈巧克力样黑色；同时硫化氢对鱼类的鳃丝和黏膜有很强的刺激和腐蚀作用，致使鳃组织器官受损衰竭、呼吸困难，甚至死亡。

此时正确的应对措施是改善水质环境，恢复和提高水体生态系统的自净能力，降低亚硝酸盐或硫化氢的浓度，鱼类就会好转恢复过来。

（3）杀虫剂滥用造成鱼类的中毒现象

人们频繁施用杀虫剂，致使鱼类中毒，上浮到上表水层漫游，鳃色紫

红。这是鱼类正在调动自身生理机能的一切潜能和因素，在慢慢恢复，体现着自身顽强的生命力。此时应采取正确的应对措施，改善水质环境，协助大多数鱼类度过几天恢复期，千万不能滥用药物！

五、针对鲤鱼"急性烂鳃"是否存在有效的治疗药物？

2012～2014年期间出现的鲤鱼"急性烂鳃"病状（常常是水质恶化的应激状态），用于治疗的药物涵盖市场上多种的杀菌消毒剂及常用的抗生素。从开始常用的含氯制剂等水体消毒剂，再到多种抗生素，如恩诺沙星、红霉素、盐酸多西环素、氟苯尼考、环丙沙星、阿莫西林、磺胺类、氧氟沙星等。

对于治疗的效果就要看施药时或施药后天气情况如何，施用抗生素等药物质量好坏、实际剂量大小、施药的次数以及采取的辅助措施是否正确得当等。还要看该池塘水质环境恶化程度如何、恶化状况持续时间长短，该池塘载鱼量的多少，池养鱼体忍受度的不同等综合因素。

2013年作者亲历的一个病例，印象十分深刻。5月下旬，郑州市广武黄河滩养殖区一个养殖户的十多亩鲤鱼池塘，池中鲤鱼是2012年繁殖的鱼苗，就是常说的夏花养成鱼模式，已养成即将出售。该池塘鲤鱼出现了烂鳃病症状（水质恶化的应激状态），当时正值连续阴雨的天气，看到水面上呆滞、漫游的鱼，想到鲤鱼"急性烂鳃"发病死鱼的惨状，该养殖户甚为焦虑惶恐。当天下午他施用传说中治疗鲤鱼"急性烂鳃"效果很好的药物恩诺沙星，第二天一早发现丝毫没有好转，开始出现死鱼的情况，病情还有进一步加重的趋势，此时的他救鱼心切，又泼洒了一次恩诺沙星，接下来意想不到的事情发生了，施药后两个小时时间，数万千克鱼全部死光。

恩诺沙星同其他尝试过的抗生素一样，不同时空不同池塘充当过鲤鱼"急性烂鳃"有效治疗药物的角色。当出现所谓的鲤鱼"急性烂鳃"病状（水质恶化的应激状态），施用恩诺沙星一次或连续两天两次，杀菌杀藻，肯定对水体自净能力造成一定的破坏作用。但施药那几天一直是晴朗天气，没有被药物杀死的藻类持续光合作用产生氧气，对缺氧状况有所缓解，鱼儿依靠自身顽强生命力，多数会挺过去，随着水体自然的修复能力，5％～10％死亡率后，不再大批死鱼了，危机度过了。这时候，恩诺沙星就会被冠上鲤鱼"急性烂鳃"有效的治疗药物。

上述列举的案例，该养殖户就是听信了恩诺沙星是鲤鱼"急性烂鳃"有效的治疗药物，到兽药市场买来恩诺沙星原粉，当天下午施用一次，第二天一早又泼洒一次。可是他忽略了施药前后连续的阴雨天气，也不考虑水质恶化的程度、载鱼量多少的不同，他没有得到预期的效果，全池鲤鱼死光，连搭配的鲢鳙鱼类也没有幸免。

第四章
生命力极强的鳖是怎么被养成"病佬药袋"的？

鳖（也称为甲鱼）是现有人工规模养殖的水产动物中，免疫力、抗病力、对环境耐受力极强的养殖物种。

为什么鳖一经人工规模养殖，几年时间就被折腾成免疫力低下、病害频发、死亡不断的"病佬药袋"呢？下面通过几个事例来剖析。

一、 严重忽略养鳖的生态环境，忽视鳖的生活习性和生长特性

1. 加热温室池底铺设沙层阻碍排污恶化水质

20世纪90年代高温养鳖温室里，水泥池底都铺有一层15厘米左右的沙层。温室水泥池相对于土池，自净能力差，残饵粪便等污染物必须及时通过排污管道排出池外，否则，水质非常容易恶化。但池底铺有砂层，严重阻碍排污。

为何铺设砂层？可能是模仿鳖的自然生长环境，便于鳖钻入沙层冬

眠，但细想一下，高温温室哪来的冬眠呢。或说鳖钻入砂层为了抗干扰？也没必要，因为温室养鳖场通常是封闭的，温室大棚、温室车间也是全封闭的，外界干扰因素可控。铺设的沙层成了藏污纳垢之处，阻碍排污，污染水质，超出鳖的耐受能力，造成病害频发，病死率居高不下。

大多数养鳖者仅仅关注鳖对水中溶氧的需求。鳖是用肺呼吸的水产养殖动物，可以利用空气中氧气，仅从呼吸角度来说，鳖对池塘水体中溶氧高低的要求远不及养殖鱼类严格。大多数养鳖者没有认识到养鳖水环境中有机物降解、物质循环同样需要大量耗氧。没有足够溶氧，水环境的生态系统就无法顺畅运行，从而产生大量有害物质，恶化水质环境，对鳖的健康生长产生严重的不利影响。

加热温室铺设沙层，阻碍排污，恶化水质，由此造成的困扰，笔者深有体会。笔者是在 20 世纪 90 年代后期接手经营的温室养鳖，该养鳖场建在电厂隔壁，利用电厂暖气加热和余热水作为养殖用水。基本建设投资很高，设施齐全。

接手时正处于冬天，大棚封闭严实，棚内温度高，水质败坏很快。池底铺设沙层，排污不畅，只能隔一段时间整池换水。换水比较费时费力，换水时先放干池水，后用压力水枪喷水将沙层翻洗一遍，晾干，然后再进水。因此，原来饲养管理是一星期换水一次，不仅水质环境差，进入温室棚内，就能闻到腥臭味和氨味，漫游、行动滞缓的鳖频繁出现，死鳖不断。

笔者通过一段时间摸索观察，亲力亲为，改善水质环境，确定换水时机。每天喂鳖放料时，蹲在饲料台上，用手捧起池水，放到鼻子下面闻闻，如果池水有腥臭味，马上换水。池水的臭味主要是由氨、硫化氢造成的，上层水能闻到硫化氢臭味，说明池底硫化氢、氨等有害物质已经严重超标，所以必须马上换水。按此方式，一般三天左右就要换水一次。

通过烧煤锅炉加热的养鳖场，换水不仅费时费力，而且费钱，所以十天半个月也不一定换次水。试想一下，换水后三天水质就恶化，上层水就能闻到臭味，如果十天半个月都不换水，水质将坏到什么程度？长年累月，生活在水中的鳖生命力、免疫力会受到严重影响。

2. 黑暗温室的弊端

近十年来养鳖温室有所改进，推行无沙充气充氧模式，这是完善和进步。但现在许多养鳖温室实行的是封闭黑暗温室管理模式。该模式从6～8月份鳖苗孵出就进入温室，到第二年5～6月份一直处于封闭的黑暗温室里饲养。

现在这种黑暗温室模式，在加热温室养鳖中占比非常大。浙江、江西、安徽、湖北、江苏、河南等一些地区相当普遍。其中一些大型养鳖场，有大量室外池塘，加热温室只是饲养周期的一个阶段，应当采取配套阳光温室比较科学合理，但多数养鳖场盲目配套黑暗温室。

阳光温室与黑暗温室之间优缺点如下所述。

（1）适应鳖的生态习性　阳光温室与鳖的生态习性相适应，黑暗温室与鳖的生态习性相背离。鳖喜阳怕阴、喜干怕湿，喜欢干净清洁的环境，而黑暗温室长年累月不见太阳，水质浑浊、空气污浊，棚内大多数时候雾气腾腾。

（2）节能角度　黑暗温室之所以存在的理由之一就是比阳光温室保暖节能，其实不然。

阳光温室保暖性能较差的弊端，可以通过加覆一层可卷放的保温层来解决，夜晚或阴雨天或天冷时覆盖，白天阳光灿烂时卷起，充分接受利用阳光。而黑暗温室拒绝了大自然的恩赐。

一是拒绝了太阳热能，尤其在北方地区光照天数多，光照时间长，晴朗天气的白天，阳光温室不加温情况下，温室气温可高于外面气温15～20℃，充分利用太阳热能，可节省很多能源。

二是拒绝了太阳光能，水体中溶氧的主要来源就是水体浮游植物的光合作用，黑暗温室内没有阳光，没有光合作用，就没有这些完全免费氧气的来源，必须24小时机械增氧，才能勉强维持水质不致过于恶化。日积月累，天天如此，电能消耗巨大。

（3）鳖的质量　黑暗温室所养的鳖质量差，不仅体现在体色外观、肉质口感等方面，更主要差在生命力上。在黑暗温室养殖半年以上的鳖，其免疫力和抗病力低，不耐折腾，若搬到室外池塘继续养殖，其成活率不高。

（4）饲养管理　阳光温室比黑暗温室在饲养管理上要方便，阳光温室水体中物质转换能够良性循环运转，具有自净能力，水质不容易变质恶化；而黑暗温室由于没有阳光、藻类很少，水体生态系统无法顺畅运转，自净能力差，水质容易恶化。

在喂料上，阳光温室可以根据鳖的生理需求，大比例添加鲜活饵料（50%），不用担心吃得多排泄物多。一是水体具有自净能力，可以循环利用；二是每天可以排污1～2次。

总之，阳光温室养殖是生态养鳖体系的一个环节、一个阶段，该模式中比黑暗温室养殖更能体现出生态、环保、循环可持续的健康养殖的方向。

加热温室养鳖，不论起初几年池底铺设沙层的做法，还是近十年流行的黑暗温室模式，都忽略了鳖的生态习性。鳖喜欢干净清新的水质环境，人们反而在高温温室池底铺设沙层，阻碍排污，恶化水质；鳖喜阳怕阴、喜干怕湿，可人们却让鳖处在黑暗潮湿环境中。两者相比，后者对鳖的伤害相对来说轻微一些而已。

二、鳖病防治中滥用药物

1. 相比鱼类，鳖病防治中药物使用更为盲目、更为随意

一直以来，在鳖病防治方面存在很大误区，就是往往只注重药物杀灭病原体一个环节，忽略鳖体自身具备很强的免疫力和抗病力，以及优化养鳖环境，健康养殖管理方面的作用。因此滥用药物非常普遍。

在预防环节，着力点仅仅是依赖药物杀灭和控制病原体这一点，并不清楚要预防哪些病原体，只是一味加强药物预防的措施，诸如药物清塘消毒，鳖体消毒，水体消毒，以及定期在饲料中加入抗生素投喂等等。这些

靶向性模糊、过于频繁使用药物的预防措施，要么破坏水质环境，要么损伤鳖体免疫力和抗病力，要么成为增强病菌耐药性的锻炼活动。

一旦发生鳖病，弄不清楚发病机理，也不会对致病病菌进行分离、鉴定分析，更不会进行病菌抗生素药物敏感实验，筛选出对症有效的药物。很难做到对症下药，科学用药。

有的指望着施用药物以后马上见效，没有见效就加大剂量；或者今天药效不行，明天再换一种药；一种药物不行，两种、三种药物叠加一起使用，等等。在频繁用药、过量用药方面养鳖远比养殖鱼类要严重，因为鳖的耐受力和免疫力比鱼类要强得多。在药物（如抗生素）使用上，不论内服、注射或浸泡，对于普通鱼类来说，药物超量几倍，鱼类短时间就会显出不良反应，难以忍受，甚至出现死亡；对鳖来说，药物超量几倍，其超强的耐受力和免疫力，使其短时间内不会出现明显不良反应，也不会出现死亡现象。这就使得人们在鳖病的防治药物使用上更无节制、更为盲目。

2. 面对"养残了"的鳖，所做的努力、采取的措施与效果

笔者承包经营的温室养鳖场，交接时还有一批鳖正处于养殖阶段，平均规格 0.7～0.8 斤。这是上家老板建场养殖的第一批鳖苗。

交接清点之后，十多天的时间，病害频发，死鳖不断。每天会出现 20～30 只病鳖，这些病鳖趴在饲料台或晒背台上，人过去也不进水逃逸，行动迟缓或呆滞不动，捕捉时活动缓慢无力。

面对此情此景，只有精心饲养管理，别无他法。当时采取了如改善水质环境，病鳖及时治疗，饲料中添加鲜活饵料等诸多措施。

（1）鳖的病害防控　按照病害防治传统做法，毫无效果。一方面按惯例加强预防工作，努力减少死鳖及病残鳖的数量；第二方面对于行动迟缓的病鳖，及时捕捉采取隔离治疗。两方面都没有得到预期的效果。

先说预防工作，严格控制和杀灭一切病原体。定期水体消毒，每天做好饲料台（晒背台）清扫与消毒，做好使用工具的消毒……凡是与鳖活动、生存有接触的场所，都采用药物严格消毒。定期在饲料中添加药物投喂，多数时候添加的是抗生素药物。采取的病害预防工作，可以说一再加

强，但结果没有丝毫好转的迹象。

第二方面，病残鳖的治疗，每天都花费了笔者大量的时间和精力。尝试着不同药物、不同剂量以及采取各种方法、方式（涂抹、浸泡、注射等），也没有得到期望的效果。

多年之后，笔者跟人谈起此事，说这批鳖是被"养残了"，"养残了"就是这批鳖得了部分免疫缺陷综合征，在恶劣水质环境和滥用药物双重摧残下，导致免疫力和抗病力低下。

（2）改善水质环境　就是勤换水，如前面说过的，每天喂鳖放料时，蹲在饲料台上，用手捧起池水，放到鼻子下面闻，只要闻到池水有腥臭味，马上换水。按此方法，一般三天左右就要换水一次。这种状况维持了两三个月，病害依然很多，勤换水没有起到应有的作用。

采取用人的嗅觉闻到气味，来判断水质好坏确定换水的时机，显然不科学。因此后来想到在鳖池里放养少量的花白鲢苗种，来检验水质恶化的程度及换水的时机。第二年3月份，一天下午，分别在三四个鳖池每池（50米²）放养0.1～0.2斤规格的花白鲢苗种二十多尾。没有想到的是，第二天一早，放养的花白鲢苗种全部死光。通过这件事，笔者才感受到水质恶化严重的程度。

鳖池的沙层严重恶化水质，必须清除。利用鳖池生产间隙，笔者同工人一起陆陆续续把一部分鳖池的沙层清空。没有沙层的鳖池，水质状况比以前好多了，放养的花白鲢苗种虽然常常处于缺氧浮头状态，但完全可以存活。

这期间又在鳖池移植了水葫芦。清空沙层，再加上其他改善措施，状况有所好转。

（3）添加鲜活饲料　当时还没有专用的鳖料，采用的是鳗鱼料，价格昂贵。为了节省鳗鱼料，采取饲喂一半鳗鱼料一半廉价的鲢鱼。加工鳖料时，将鲢鱼用绞肉机搅碎，与鳗鱼料混合。

鳖病害好转是在接手经营三个多月，鳖池里沙层清空之后，每天的死鳖数和病残鳖数量明显减少。

3. 该阶段鳖病防治方面的思考

回想这段经历。后来的一个多月每天的死鳖数和病残鳖数量明显减少，病害大有好转，得益于以下几个因素：一是鳖池里沙层清空后，水质环境大大好转，这是很重要的因素；二是鳖料中大量添加鲢鱼，鲜活饵料的加入，大大提高了鳖的免疫力和抗病力；三是春夏交接季节，气温慢慢高了，天气晴朗的白天，大棚两边都是全部掀开的，大棚内空气好多了。

上述的几项是有益的措施，在鳖病防控上起到了正向作用。而依据病害防治原则采取的措施，如一再强调的预防工作，大多是无效甚至是有害的。对于捕捉呆滞病鳖采取各种药物、各种方式进行治疗，很少能够治愈恢复的。

病害预防工作的依据就是杀灭和抑制一切病原体，人们认为没有病原体的存在，鳖就不会患病了。平常对水体、饲料台（晒背台）、工具等凡是与鳖活动、生存有接触的场所和物品及鳖体，都采用药物严格消毒灭菌。

一般来说，病菌多数是条件致病菌，正常环境下不会致病，只有恶劣环境条件（对鳖来说）才可能致病。病菌在一些免疫力低下的鳖体中致病，对大多数免疫力正常的鳖体不会致病。

平时花费大量人力、物力、时间的这些杀灭病原体的消毒预防措施，不但无效无用，而且破坏水体生态环境，导致水体丧失自净能力，进一步恶化水质。

在饲料中经常添加抗生素类药物用作预防，更是有害无利。健康鳖经常被动服用抗生素，将直接损害其肝肾，降低其免疫力和抗病力。从另一角度来说，经常投喂抗生素药饵，会促使病菌产生耐药性。

病残鳖的隔离治疗效果很差。这些呆滞不动、行动迟缓、见人不逃逸、能够轻松捡拾的病鳖，免疫力已经垮掉了，此时即使采取对症的抗生素类药物，大多时候也是无济于事的。因为鳖与病原体抗争过程中，鳖机体的免疫力和抗病力才是主力军，对症使用抗生素类等治疗药物只是起着协助支持作用。

三、鳖饲料的局限性

养鳖所用的鳖料基本上都是采取人工配合饲料，稚幼鳖如此，成鳖喂养更是这样。鳖的人工配合饲料是鳖集约化养殖实践中最有科技含量、最有成效的方面。孵出的鳖苗在人工加热温室里，完全投喂人工配合饲料，经 10 个月饲养就能达到 500 克左右。

1. 人工配合饲料的科学性和局限性

人工配合饲料是根据鳖的营养需求，将多种营养成分不同的原料按一定比例科学调配、加工而成。随着饲料配方的不断改进，人工配合鳖料尽可能满足了鳖的营养需求，提高了饲料利用率，鳖的生长速度大大提高，这是科技发展完善的成果。

但同时也要认识到人工配合饲料的局限性。这在许多鱼类（如鲇鱼、乌鳢、鲈鱼、泥鳅等）人工配合饵料中有所体现，特别是这些鱼类的早期苗种饲养阶段，品质再高的配合饲料都不能完全替代轮虫、枝角类、丝蚯蚓等天然鲜活饵料的作用，其使用效果有天壤之别。缺少了这些鲜活的开口饵料，苗种饲养阶段成活率非常低，甚至育苗失败。

在新孵出的鳖苗培育过程中同样如此，不过这并没有引起人们的重视。缺少天然鲜活饵料造成的不利影响，是逐步显露出来的。比如自然环境里稚鳖喜欢吃轮虫、枝角类、丝蚯蚓等，但人工培育鳖苗过程多在水泥池里，缺乏这些天然鲜活饵料。人工喂养完全用配合饲料，短时间里没有显现出明显的弊端，但随后稚幼鳖阶段就出现了相互争斗好咬，烂脖子、烂爪现象以及体弱多病。

鳖苗培育中缺少天然鲜活饵料造成的不利影响，之所以常常被人们忽视，是因为鳖这个物种顽强的生命力和对逆境的耐受力。如果鳖苗缺乏这些天然鲜活开口饵料，就会呈现体弱、相互残杀、大量死亡等现象，人们在鳖苗培育过程中，就不会忽视天然鲜活开口饵料的必要性。

2. 鳖料中添加鲜活饲料具有必不可少的作用

人们认为配合饲料配方科学、营养全面，觉得添加鲜活饲料太麻烦，没有必要，作用不大。

笔者养鳖时，为了节省成本，采取廉价鲢鱼与配合饲料混合配制鳖料，投喂一段时间，出乎意料，每天的死鳖数和病残鳖数量明显减少。说明这样做对于增强鳖的体质、提高免疫力的确起到了很好的作用。当然这与当时鳖池清除沙层，改善水质也有很大关系。

再举个例子，有个养鳖场，旁边有条河流，河底淤泥很厚，非常肥沃，里面有大量河蚌，个体很大。守着这么多的廉价鲜活蛋白资源，何不利用呢？我就给该场老板建议，利用机械将河蚌壳内肉及内脏搅碎添加到配合饲料中一起投喂。该老板采取这一建议，坚持喂养一个月后，鳖病害减少了，收到了很好的效果。

近年来，通过越来越多的实践研究认识到，鲜活饵料不仅营养丰富全面，还能起到食疗作用。这些自然环境鳖喜食的鲜活饵料，在营养上具有特异优点，不但营养价值高，容易被消化吸收，而且对鳖有促进生长发育和增强免疫力和抗病力的作用。

另外混养培育一些鲜活饵料如螺蛳、河蚌、水蚯蚓等底栖动物，可以充分利用养殖池塘沉积池底的残饵粪便等有机物质，起到变废为宝、改良底泥、净化水质的作用。

四、鳖冬眠前后管理不当

鳖是变温动物，体温随着生存环境温度的变化而变化，摄食强弱、身体新陈代谢水平随之变化，身体各个器官的生理机能及其效率也是随外界温度变化而变化。鳖的摄食生长水温范围是20～35℃，以25～33℃为最适温度。温度为 15℃ 时，鳖食欲大降，基本停止摄食，行动迟缓；温度为 10～12℃ 时，鳖进入休眠状态，这时的鳖便寻找水底较厚的泥沙处潜藏其中不食不动，进行冬眠。当水温上升到 15℃，鳖苏醒，开始摄食活动。

许多养殖者对鳖冬眠这一特性了解不够，从而导致鳖冬眠期间和冬眠苏醒后出现大量伤亡。

1. 冬眠前必须做好底质的改善和改良

越冬期间鳖需要长期蛰伏于底泥中，底质环境的优劣对鳖的影响更为突出。越冬前应避免大量残饵粪便等有机物积累在池底而长期得不到改善。这些有机物在底层氧气不足的情况下，厌氧分解产生大量的有害代谢物，如氨、亚硝酸盐、硫化氢、甲烷等。冬眠期间，池底层溶氧状况难有改善的机会，如增氧、充气、上下水层的对流等，如果又存在着大量有机物，将使池底环境长期处于恶化状态，这对于蛰伏于底泥中长达 6 个月之久的鳖是难以承受的。

做好底质改善和改良的具体措施：一是平时促进上下水层交流和底泥再悬浮释放利用，促进底层溶氧状况的改善，消除和减少底层有害物质的不断积累；二是利用和培养底栖动物；三是科学使用池底改良剂等。

2. 越冬前加强鳖的饲养管理，增强其体质

漫长的冬眠期间鳖基本处于不食不动状态，维护基本的生命特征、维持低水平新陈代谢所需要的营养能量，都必须在越冬前得到足够的储备。

其中繁殖中后期产卵后的雌性亲鳖和后期孵出的鳖苗要格外注意。

根据冬眠期和冬眠后死亡的亲鳖大多数是雌性这一事实，人们推断，后期雌鳖产下最后一批卵后，体况已极度虚弱，接踵而来的是气温下降，雌性亲鳖的摄食能力下降，如果没有加强饲养管理，营养补充不充分，雌鳖的体质就得不到完全恢复，以这样的状态进入长达 6～7 个月的冬眠期，雌鳖将难以安全度过。

另外一种情况，后期孵出的鳖苗，至冬眠时饲养期较短，营养补充不充分，直接进入冬眠期，成活率同样很低。所以这种情况的鳖苗，一般不在外面自然的池塘越冬，或进入加热温室饲养，或进入自然阳光大棚温室（不加热）饲养，延长鳖苗的喂养时间。

3. 冬眠苏醒后应注意的事项

冬眠期间鳖基本上不食不动，仅仅维持着微弱的新陈代谢。第二年春季水温上升至 15℃，鳖逐渐苏醒。一定要充分认识到，苏醒初期的鳖新陈代谢水平以及各个内脏器官的生理功能远远没有达到正常，这一阶段要补充营养，有针对性地精心管理。从鳖苏醒后到新陈代谢恢复到正常水平是一个缓慢过程，自然界的气温、水温是逐步上升的，鳖的摄食欲望和摄食强度也是慢慢恢复的，这一时期短者一个月，长者大约两个月，需要有足够的耐心。

特别要注意的是，鳖苏醒恢复时期是不能进行翻池转塘的，否则将会出现大量伤亡。2014 年一个大型养鳖场就出现了类似的情况。数十万只平均规格一斤左右的鳖，在自然水温的塑料大棚里越冬，苏醒后需要翻池转到棚外的大池塘。4 月下旬鳖刚刚苏醒就开始转棚，结果造成了鳖的大量伤亡，伤损了十万只左右。

当时笔者解剖了几只行动迟缓呆滞的鳖，发现其肠道没有食物，整个体腔血液很少，肺脏萎缩，颜色暗黑。这说明鳖摄食很少，新陈代谢水平远远没有达到正常状态，各个内脏器官没有恢复正常的生理功能。特别是肺脏，越冬期间的鳖是不用肺呼吸的，冬眠鳖蛰伏在池底沙泥层，只能用咽喉部辅助呼吸器官利用水中溶氧来维持微弱的新陈代谢。长达半年之久不用的肺，萎缩得像薄薄一张纸紧贴在体腔背面，颜色暗黑，说明血液流通很少，此时的肺远远没有具备正常的呼吸功能。

第五章
鲇鱼苗之殇

一、鲇鱼苗繁育高手

鲜活开口饵料在鲇鱼苗繁育中非常必要，尤其是在缺少天然鲜活饵料（浮游动物）的水泥池更加重要。对这一环节的重视与否，繁育效果天壤之别。

2002年4月份笔者认识了福建的老王，他是鲇鱼苗繁育大户。他计划在河南地区寻找一个场地来繁育鲇鱼苗，以此扩大华北广大地区的市场。

我们第一次见面是在我承包的甲鱼养殖场。该场交通便利，周围有高高的院墙，水源既有电厂余热水，又配套有深井，井水温度常年维持在23℃左右。他看到水源条件、温室条件等各方面都很理想，就想把鲇鱼苗繁育基地设在我这个场地。我们就合作事宜很快达成一致。

老王繁育鲇鱼苗的技术水平使我佩服至极，鲇鱼苗繁育产量之高，密度之大，成活率之高，使我惊叹不已。

由此联想到1998年5～6月份，在该场我繁育的几批金丝鲇（一种金黄色的鲇鱼）情况。繁殖出苗都很理想，几个水泥池里起初鱼苗多得密密麻麻，慢慢地鱼苗密度变得稀疏，鱼苗大小不均越来越明显。随后几批鱼苗繁育过程中，我尝试着各种办法，鱼苗成活率低的状况，始终没有得到好转。为什么鲇鱼苗养着养着越来越少，一直困扰着我。

直到亲身经历了老王鲇鱼苗繁育整个过程，困扰的问题才有了答案，使我大有收获。他让我认识到鲜活饵料作为鱼苗开口饵料的重要性，是任何高质量的人工饲料所不能替代的。以前我所人工繁殖的各种鱼苗，基本上都是放在土质池塘培育的，土塘具有天然的鲜活饵料——浮游动物，这使我忽略了鱼苗开口饵料选择的重要性。1998年我催产繁殖的金丝鲇鱼苗，都是放在温室车间的水泥池里，缺乏天然的鲜活饵料，这是导致几批金丝鲇鱼苗成活率非常低的主要原因。

老王繁育鲇鱼苗的生产流程：受精卵破膜出苗2~3天，卵黄囊吸收后鱼苗要开口吃食时，投喂鲜活的水蚯蚓。投喂水蚯蚓时间在7~10天，之后才开始投喂人工鳗鱼料，鳗鱼料掺入适量水，搅拌成糊状投喂。随着鱼苗长大，需要适时进行筛鱼操作，依鱼苗规格大小分池。

对于鲇鱼这类偏肉食性鱼类来说，开口料缺少了鲜活饵料，鱼苗相互残杀非常严重，成活率很低，多数时候甚至鱼苗培育失败。

二、鲇鱼苗药害之苦

由于2004年冬养殖场被征用了一部分，客观原因导致老王离开了，搬到附近一个养殖场继续鲇鱼苗繁育，干了五六年。2011年前后离开了郑州，到了距离郑州近200公里的一个地方，该区域地热资源丰富。所在的养殖场具有一口地热井，水温高，出水量大，全年可以从事鲇鱼苗繁育，各方面条件很优越。

第一阶段，在我这儿的三年，老王鲇鱼苗繁育情况很好，成活率高，病害少，偶尔出现少量病害，凭他的经验用些抗生素，添加到鳗鱼料中直接搅拌加工药饵，投喂内服就好了。

第二阶段，我跟老王经常来往和交流，这期间鲇鱼育苗期病害多了，成活率下降了，同步的福建那边一样，被病害困扰着，从这一阶段，用药问题开始体现出来。

鲇鱼苗培育过程中，经常是在投喂水蚯蚓改为鳗鱼料后几天发生病害，出现死亡，想当然地认为鲇鱼苗患肠炎病了，将医用痢特灵片用水溶解后添加到鳗鱼料中搅拌成药饵投喂。

按以往经验，一包 20 千克鳗鱼料配 10 片痢特灵，一般情况都有效果，病情好转，死鱼苗减少。假如第二天没有好转，死鱼苗反而增多了，能做的就是加大痢特灵的剂量。

平均每月繁育一批鲇鱼苗，在同育苗期病害博弈过程中，假如有了 20 千克鳗鱼料加量到 15 片或 20 片痢特灵有效果的经验，下次再遇到鱼苗发病情况时，就会依据经验直接把痢特灵添加量加到 15 片或 20 片，如果没有效果时，会继续层层加量。最高剂量一包 20 千克鳗鱼料加到 40 片痢特灵，结果鱼苗吃后应激反应很大，难以忍受，药饵马上就会被吐出来。

因为痢特灵片内服有上限，那就采取内服加浸泡，浸泡用痢特灵原粉。一般 40～50 米^2 的池子，水深放至 20 厘米左右，将痢特灵原粉用水化开泼洒进去，起初痢特灵原粉用量 100 克，浸泡 30 分钟左右，再把池水加深。同内服的痢特灵片一样，痢特灵原粉施用过程中也是层层加量，100 克→150 克→200 克→250 克。

当时除了痢特灵片及原粉外，还有磺胺类、土霉素类等药物都被如此使用过，但效果不尽人意。第一次有效果时，这批鱼苗成活率就高些；第一次没有效果，加量后有效果了，成活率就低些；第二次没有效果，加量后依然没有效果，这批鱼苗基本报废了。

第三阶段，老王所在的养殖场地热资源比较丰富，地热井水位不深，水温、水量有保证，常年可以进行鲇鱼苗的繁育。

鲇鱼育苗期间的病害问题依然是最大的困扰，老王应对的办法还是凭感觉、凭经验，尝试着变换不同抗生素类药，尝试着层层地加大剂量。这几年试用过氯霉素片内服和氯霉素原粉浸泡以及痢菌净（乙酰甲喹）浸泡。

这样做的代价不仅仅是用药成本提高，鲇鱼苗成活率下降，更重要的是对鲇鱼苗的伤害和摧残。

这几年，我们常常通电话交流，老王诉说着，鲇鱼苗病害越来越多，越来越难治，用药成本越来越高。十多年前，一个繁育季节用药成本只有几百元，现在同等规模同样批次的一个繁育季节需要花费几万元的用药成本，但育苗成活率比以前差远了，也比以前辛苦多了。

我也常和他说，不要过分依赖抗生素类药物。其间我给他带过一次组方中草药，施用效果还不错，随后通过物流又给他发了两次。之后，老王提出再要时，由于没有时间到中药材市场加工，我就直接把配方提供给他，让他们在当地药材市场采购加工。几个月后，他打电话说，中草药的效果不行了。

2016年情况变得更为糟糕，上半年总共繁育了8批次，其中2批次全部死完，其余6个批次育苗成活率平均不足20%。鲇鱼苗供应量小，行情好，价格高，要苗的客户三天两头打电话，就是苗出不来，甚为着急苦恼。

这里所说的鲇鱼是埃及胡子鲇，又名革胡子鲇，原产于非洲尼罗河水系，我国1981年从埃及引进。埃及胡子鲇适应能力很强，食性广、生长快、个体大、耐低氧，引进初期病害很少。

当鲇鱼受到病菌侵扰患病时，需要清晰认识到在同病菌抗争过程中，鲇鱼机体免疫力才是主力，我们人类只能起到协助作用。

我们能不能起到正向的协助作用？首先，我们要从众多健康群体里将患病鱼分离出来，像我们人类或畜禽一样，只有分离出病鱼才能对症下药治疗；其次，治疗用药方式上，常用的药饵内服，患病鱼儿食欲不振，难以收到理想效果。肌内注射？能否做到患病鱼儿不离水、不挣扎、不产生过度应激反应？假如做不到这些，我们将起不到正向协助作用，反而会帮倒忙。

实际养殖生产中，个别鲇鱼苗患病，常用的药饵内服法，是采取普遍式投喂，患病鱼儿难以抢食到药饵，药饵基本上都被健康鱼群吃掉。当健康的鱼吃进这些药饵，肠道正常菌落被破坏，消化机能下降，鱼体肝、肾等代谢系统实质性器官受到伤害，机体的免疫力降低。

常用的药物浸泡法，依然无法将患病鱼儿从众多健康群体里分离出来，而是混合一起进行药物浸泡。药物渗透进入鱼体内，破坏鱼体的消化系统，伤害鱼体的肝、肾等器官，一些损伤是不可逆的，同时其呼吸、免疫、造血和排泄等功能受损，导致鱼体正常生理机能受到影响，鱼体免疫力和抗病力下降。

第六章
病害治疗药物施用的
"祸"与"福"

目前水产养殖病害防治所采取的措施一是泼洒法施药，二是内服法施药。泼洒法施药就是直接向池塘水体泼洒各种水体消毒剂、抗生素类药物以及杀虫剂，期望杀灭水体和养殖动物体内外的病菌、寄生虫等，声称有病治病，没病预防，常常忽略了养殖动物自身所具有的免疫力和生命力，忽略了这些药物的泼洒给养殖水体生态系统造成的破坏，甚至常常造成药害事故。

一、病害治疗药物施用之"祸"

仔细想来，笔者投资水产养殖过程中，完全由于病害造成的死鱼损失不足 5％；而由于泼洒防治药物引起的药害死鱼损失超过 90％。

1. 泼洒敌百虫致使越冬罗非鱼中毒死亡，遭受灭顶之灾

1998 年，甲鱼价格从高峰大幅度下落之后，笔者将承包的一个温室

大棚改造，用于罗非鱼等热带鱼越冬养殖。池底改为锅底形，采取中间底排污，提高池子载鱼量，便于管理。

该温室养殖场近二十公里外的黄河滩区，还配套有 100 亩水面的普通养殖场，养殖品种之一就是罗非鱼。每年的 10 月中下旬，卖不掉的罗非鱼转到温室大棚养殖场进行越冬养殖。翌年 4～5 月份，面向垂钓、烧烤市场销售。

2006 年春节期间，越冬的罗非鱼一直出现少量死鱼现象，整个大棚每天捞死鱼，少的时候五六条，多的时候十多条。

当时场里没有显微镜，凭以往经验越冬的罗非鱼主要的寄生虫是车轮虫。车轮虫病是个顽疾，虫体具有很强的耐药性，施用常用治疗药物，即使加大剂量效果也不好。

同行们交流沟通时，一个同行说车轮虫病采取晶体敌百虫＋碱效果不错。

正月初五下午笔者到郑州农药市场买了晶体敌百虫，又在附近超市买了食用碱。回到场里，天快黑了，想着早泼药早控制，减少死鱼，就急着把敌百虫＋食用碱施到鱼池中，根本没有想到会有什么意外出现。

初六上午 9 点多，发现鱼儿异常，各个鱼池中大量罗非鱼平躺池底，有时挣扎着游动几下，又无力躺在池底。罗非鱼有机磷中毒了。

随后的十多天，虽然采取了多种措施，但依然没能阻挡鱼儿陆陆续续大批死掉，十多万斤罗非鱼伤损了绝大部分。

2. 虾池泼洒药物导致虾苗全军覆没

2002 年春，在黄河滩养殖场，笔者率先引进了南美白对虾，这是河南省首次纯淡水进行南美白对虾养殖。

南美白对虾肉质鲜美，含肉率高，营养丰富。养殖中对水环境变化的适应能力强，适温范围广，适盐范围广，可在盐度 0.5‰～35‰ 范围生长，同时生长快，抗病能力强，是一种可以完全淡化养殖的优良品种。

2002 年 3 月下旬开始准备，计划 4 口池塘养殖，每口池塘 5 亩。池塘整理、生石灰清塘，虾苗淡化池改造，购买青盐 1.5 吨等。虾苗淡化区是在其中一个池塘一角拦起土坝，下面铺设花塑料布，淡化区面积1亩左右。配备2.2千瓦鼓风机一台，顺着池塘边坡铺设主气管一条，分支采取PVC管6根，PVC管上面用1毫米电钻钻头打孔作为气孔，孔间距2厘米左右。6根PVC管间距均匀平行铺设在淡化池底。

虾苗4月下旬进池，首先放入淡化区逐步淡化，淡化过程经历了10天左右，之后分养。分养十多天，一切顺利，虾苗长势良好。但5月20日左右，虾池出现了蜻蜓幼虫，其中两个虾池蜻蜓幼虫还比较多。蜻蜓幼虫是鱼苗、虾苗培育阶段常见的敌害生物。据资料介绍，一个蜻蜓幼虫一天可以吃掉十多尾甚至二十尾鱼苗。由于虾苗远远没有鱼苗活动敏捷，因此虾苗被吃掉的数量可能更多。经多方查找杀灭蜻蜓幼虫的药物和方法，发现了山西一家渔药厂生产的一款产品——敌某虫，说明书介绍：纯中草药制作，可杀灭养殖动物体表体内寄生虫，另外对池塘水体中敌害生物，有明显驱除和杀灭作用。包装袋上还特别注明可用于虾蟹养殖池。

笔者轻信了纯中草药制作，可用于虾蟹养殖池。确定能用的第二天上午，我就安排工人把4个虾池都泼洒了敌某虫。

下午巡塘时发现了异常：所有虾苗都浮起来了，漫游，呆滞。

就这样，河南内陆水域首次引进南美白对虾进行的养殖实验，由于施用药物的药害事故，彻底失败了。

二、病害治疗药物施用之"福"

多年来也涌现出不少，或自诩或传说，药到病除、医术高超的神药神医（渔医）。笔者从事水产养殖三十多年，有没有药到病除的经历呢？还真有！

1. 神奇的"药到病除"

20世纪90年代，由于淡水白鲳生长速度快、体色鲜艳，上钩率高，垂钓市场需求非常旺盛。作为养殖新品种，养殖利润丰厚，苗种需求量很大。

考虑到这方面的市场需求，1996年3月份，笔者从海南空运一批越冬淡水白鲳苗，计划培育一个多月至5月份，供应大规格淡水白鲳苗种。

从海南空运来的越冬白鲳苗放养进池后，同往常一样，当时漂出少量死鱼苗，第二天死苗数量有所增加，但并没有引起我的担心。按通常做法，泼洒水体消毒剂，估计三天左右就能稳定下来，死鱼苗减少。

可意想不到的是，第三天死鱼苗数量更多。随后几天里，尝试着各种水体消毒剂，或抗生素，或中草药制剂，还有杀虫剂，进行泼洒，试图治疗控制病情。但都无济于事，死鱼苗数量不断增加。

第九天，我精疲力竭。一连一个多星期来，买药、施药、捞死鱼苗……身心俱疲，我终于彻底放弃了。面对一堆清塘剩余的生石灰，也懒得搬出去清理，交代工人将这一堆生石灰都泼撒到培育池里。之后，骑着摩托回家了，准备明天一早结清工人工资，送人家走。

到了下午四点多钟养殖场的人来电话说："你的鱼苗饿了，在池里成群结队地游来游去。"

放下电话，我半信半疑。赶紧骑着摩托赶到了养殖场，看到工人正在喂鱼，鱼吃得很好。看着又浓又白的水体，再看看吃料欢腾的鱼苗，喜出望外！

自此，这批白鲳苗种吃料、生长都很好，一直到5月中旬销售，几乎没有因病再死过一条鱼。

2. 治疗纤毛虫的硫酸锌到底起着多大的作用？

2004年农历正月里，有个池里鲴鱼出了毛病，池边漫游，并出现死鱼。施用水体消毒剂，不起作用。显微镜镜检发现鲴鱼鳃上有大量的杯体虫、斜管虫等纤毛虫。

购买硫酸锌，安排工人施用，隔一天再施第2次，施药期间坚持喂鱼不间断。病情很快好转，死鱼也很快控制住了，饲料台前鱼吃料比较好。

这件事的处理及其效果，当时我感到很满意。及时镜检发现纤毛虫，对症下药，药到病除，并认为硫酸锌治疗纤毛虫类寄生虫的效果非常好。算得上"药到病除"的一个病例。

　　但是第二年，同样的模式和规格第二季养殖的鲴鱼，仅仅是喂料时间比去年提前了半个多月，烦人的纤毛虫病居然没有出现。

　　由此，我们再来分析2004年早春硫酸锌治疗纤毛虫的病例，是硫酸锌杀灭了纤毛虫，控制了病情；还是鱼吃料了增强了体质，自身免疫力抑制了纤毛虫，促使病情好转？哪一个起主要作用？

　　我们郑州地区开春鲴鱼喂料时间比较晚，一般都是3月中旬。2004年那次病例发生时间还处于农历正月，远远不到常规喂料时间。试想一下，当时仅仅施用硫酸锌能控制住病情吗？或说，不喂鱼料，仅泼洒硫酸锌治疗纤毛虫，其效果还会那么好吗？

第七章
水产养殖病害防治的
反思与感悟

先从一个令人费解的现象说起，即病害发生与施药量呈正向关联，这一点很少人会想到。没有多年从业实践，没有亲身经历，体会不会很深刻。

从纵向来分析，2001～2007 年期间，笔者在郑州市西郊沿黄滩区养过鱼，那时连片池塘养殖水面数千亩。当时每亩用药成本平均几十元左右，很少超过 100 元的，而期间发病率、病死率都处于较低水平，很少出现因病害而造成大批死鱼的情况。而后来，每亩用药成本逐年攀升，从 2010 年开始 300～500 元，到近几年的 600～800 元。与此同时，病害及其造成的损失越来越严重，如鲤鱼"急性烂鳃"，鲫鱼春季暴发越冬综合征等病害，有些池塘死亡率高达 60%～90%，甚至全军覆没。

从横向来分析，郑州地区 2016 年鲤鱼每养殖年度每亩用药成本平均在 300～800 元，鲴鱼每养殖年度每亩用药成本平均在 500～800 元，鲫鱼跨两个养殖年度每亩用药成本平均在 800～2000 元。通过长时间跟踪研究和对比分析，用药量处于平均水平以下的，其发病率、病死率普遍处于较低水平，饲料系数、养鱼成本、产量等养殖效果较好；用药量处于平均水平以上的，病害普遍严重，养殖效果还差。统计发现，凡是出现病害死亡率10％以上的养殖池塘，用药量都处于平均水平的上限。

为什么一直大力提倡少施药、少用药，实行生态养殖，用药量反而越来越大？其实养殖生产中起主导作用的，还是传统水产养殖病害防治措施和理念。提倡的"少施药、少用药"并未真正落实。

随着水产品质量安全越来越被重视，从养殖品种到残留药物检测范围逐渐扩大，现行模式的水产养殖还会持续下去吗？随着环保压力越来越大，还会允许随意向水体泼洒抗生素、杀虫剂、消毒剂吗？

一、坚持定期消毒杀菌，无法做到养殖病害的有效防控

传统水产养殖病害防治理念有一种认识误区，人们往往将细菌与病害画上等号，认为细菌的存在就是病害的源头。具体措施上，如一贯坚持的定期消毒杀菌，一般10～15天消毒杀菌一次，若病害流行期间更频繁。

以细菌为主的微生物在我们所处的自然环境中无处不在，它在大自然生态系统循环运转中起着必不可少的作用。

在养殖池塘水环境里，细菌和藻类是池塘生态系统循环运转与自净过程中不可缺少的两个环节。对照经典生态系统定义，池塘水体生态系统由三个角色组成，生产者就是藻类，消费者就是水生动物以及养殖鱼类，分解者就是细菌。

而这些一再强调的定期消毒杀菌措施，频繁地向水体泼洒消毒剂、抗生素等药物，杀菌杀藻，会直接导致生态系统陷入崩溃状态，严重破坏池塘的自我净化能力，体现出来的后果就是水质严重恶化以及病害频发。

养殖池塘生长着大量的细菌，担负着水体生态系统循环运行自净的至关重要的作用，而所谓病菌占比非常少。泼洒的水体消毒剂及抗生素不能够精准、有效杀灭所谓的病菌，而不伤及绝大多数细菌。

正常情况下，所谓病菌只在免疫力差、体弱的鱼体上致病，在大多数免疫力正常、体质健壮的鱼体上不会致病。泼洒的水体消毒剂及抗生素不会只作用于少数病鱼上，而隔离起大多数健康不致病的鱼体。

所谓的病菌，大多数是条件致病菌，如一些好氧微生物（兼性）处于缺氧环境，被迫进行厌氧呼吸，是促使细菌成为致病菌的条件之一，致病菌也是与宿主相互匹配的结果。多重不利条件的重叠，才能促使细菌成为致病菌。泼洒的水体消毒剂及抗生素并不能做到在重叠区域才释放药效发挥作用，并控制药效发挥范围。

所以，一贯坚持的定期消毒杀菌而泼洒的水体消毒剂、抗生素药物，起不到及时杀灭池塘病菌、有效防控病害的目的，反而会破坏池塘生态系统及其自净能力，恶化水质。

二、杀菌后再补菌培菌就能修复被破坏了的水体生态系统吗？

越来越多的人认识到，微生物在养殖水体生态系统的循环运行中起着必不可少的作用。定期消毒杀菌频繁杀灭池中大多数微生物，会使池塘生态系统经常处于瘫痪的境地。

现行的一种做法，是在泼洒水体消毒剂及抗生素之后，或例行杀菌消毒后，再泼洒微生态制剂或各种各样活菌素（液），进行补菌、培菌，修复被破坏的生态系统。这种方法可行吗？

池塘水体的微生物大多数是共生的，担负的生态功能都是协作分工完成的。一种细菌的正常生长需要其他细菌的存在，或一类细菌的食物是由另一类细菌代谢产物提供的，例如，氨化细菌先生长，产生氨氮，有了氨氮，亚硝化细菌才能接着生长，亚硝化细菌产生亚硝酸，有了亚硝酸，硝化细菌才能生长，没有前一类细菌代谢产物的产生，后一类细菌不可能生存。或一类细菌的生存生长需要另一类细菌为它们提供生存环境，例如，厌氧细菌的生存生长需要好氧细菌先生长并消耗溶解氧，以维持厌氧环境。

池塘水体的微生物担负的生态功能都是协作分工完成的。林文辉（2016）认为，微生物生态的建立与完善需要相当长的时间。一般来说，一个相对完善的微生物生态系统的建立至少需要三个月左右。

综上所述，杀菌消毒后，再泼洒微生态制剂或各种各样活菌素（液），进行补菌、培菌，修复被破坏的生态系统，可能会起到一定的作用，但指望短时间完全恢复其生态系统是不可能的。再说，池塘生长的微生物，是根据池塘生态条件、所投饲料成分、溶氧状况以及温度、盐度、pH 值等因素自然选择的，物竞天择、适者生存是池塘微生物的生存法则。

三、受精卵具备了物种赋予的生命密码及其天然免疫

从事过鱼类繁育的都知道，鱼类受精卵与未受精卵，形状、外观一模一样，没有任何差别，但受精卵体现出许多神奇的地方，这些神奇之处就在于受精卵是新生命的开始，它与未受精卵的差别在于，它具备该物种赋予的生命密码及其天然免疫。

毕业后的十多年时间里（20 世纪 80～90 年代），笔者经常从事或接触苗种繁育的工作，有使用孵化桶或孵化环道产浮性卵的鲢鱼、鳙鱼、草鱼、淡水白鲳等；有使用棕片鱼巢产黏性卵的鲤鱼、鲫鱼、鲇鱼、鲂鱼等；有生产卵块的美国叉尾鮰等。繁育过程中普遍采取的一项措施，就是预防鱼卵生水霉而泼洒药物，常用药物有孔雀石绿、食盐、亚甲基蓝等。

孔雀石绿被禁用后，孵化期间防治水霉尝试过多种药物，除了食盐、亚甲基蓝，还有硫醚沙星、福尔马林、过氧化氢、臭氧、二氧化氯、碘以及中草药制剂等，但效果均不理想，或时好时坏，没有哪种药物是被普遍认可的。

如果这一批卵受精率很低，或孵化过程胚胎发育终止的多，即使使用预防药物，也很难阻止水霉严重状况出现，此时使用的药物便被认为效果差；假如这一批卵受精率高，孵化环境适宜、胚胎发育完好，长水霉现象将会很少，此时该种药物便被认为使用效果好。

生产实践中，多年来根据我的观察，孵化过程中受精卵很少长水霉，长水霉的大多数是未受精卵。不使用防治水霉药物，不用预防，只要水温处于适宜范围，溶氧充足，受精卵胚胎发育正常就很少出现水霉。因此，

鱼类繁育过程中防治水霉最好的措施就是提高受精率，孵化过程确保适宜的水温，满足胚胎发育溶氧需求，防止因外在环境条件发生变化而导致发育胚胎的夭折。

其实，早在 1960 年 11 月，我国鱼病学主要创始人倪达书先生在国际会议上宣读的论文《鱼类水霉病的研究》中指出，反复试验证实，水霉菌是腐生性的，它不感染健康无伤的鱼体，而寄生于体表受伤的鱼体和未受精鱼卵上。倪达书认为活细胞具有天然的"抗霉素"。

鱼卵受精后，就是新生命的开始，不仅具备该物种的生命密码，而且被赋予该物种先天性的免疫，具有抗逆性的生命力，这就是生命神奇伟大之处。

四、消除病害防治误区，相信养殖鱼类自身免疫力

作为一门学科，我国鱼病学是从 20 世纪 50～60 年代起步的。开始时由于基础薄弱和历史局限性，鱼病防治沿用了人类公共卫生以及畜禽病害防治理念与措施方式，如定期消毒、用药方式等，没有充分考虑到对养殖鱼类所处水环境的影响。由于鱼儿离不开水，病原体导致的病鱼难以从水环境里分离出来，也难以从众多健康鱼群中分离出来，这就是鱼病防治必须考虑的独特性和复杂性。不能简单采用或照搬人类公共卫生以及畜禽病害防治理念与措施方式。

养殖病害防治用药的主要方式有两种，一是泼洒法，二是药饵内服法。泼洒法，全池泼洒的防治药物都是通过改变水质环境的变化间接作用于鱼身上的病原体，泼洒的杀菌杀虫药物，能否有效杀灭病鱼体上的病菌或寄生虫，不得而知，但它肯定会破坏池塘生态系统及其自净能力，破坏生态系统食物链网；药饵内服法，都是病鱼与健康鱼群混合进行无选择投喂的，难以避免病鱼和健康鱼都在吃药。

水产养殖病害防治使用药物方面，基本上都是针对病原性疾病的。其实养殖鱼类的许多疾病都是非病原性疾病，是由水环境恶化造成的应激症

状，需要区别对待。

养殖鱼类在适宜的环境下，其自身免疫力完全能战胜自然的病原体，当然不可能得到百分之一百的成活率。尽管相信鱼类依靠自身免疫力可以战胜病菌，度过病状阶段而恢复过来。我们能做的只有改善水体环境，消除一切胁迫因素，增强鱼体体质。

五、水产养殖病害防治施用药物的无奈和局限性

鱼类病毒性、细菌性疾病其病原体，人们用肉眼或普通显微镜难以观察，对应的防治药物使用后效果判断，主观性很大。而对于肉眼明显观察到的鱼类疾病病原体，施用药物后治疗效果可以直接看到。这里我们以两种养殖生产非常普遍的鱼类疾病——锚头蚤病与水霉病为例，通过分析两类病原体生活史、寄生特性、病理学，以及药物试验等方面来说明养殖病害防治施用药物的无奈和局限性。

1. 锚头蚤

锚头蚤成虫阶段的虫体寄生在鱼类的体表、鳍条、鳃、口腔和鼻腔等部位。是节肢动物门，甲壳动物亚门，颚足纲，桡足亚纲，剑水蚤目，锚头蚤科，锚头蚤属的寄生甲壳动物。

虫体细如针，分节不明显，大致可分为3个部分。头胸部通常愈合，呈叶片状。头具突起，有钩或角状突，形似"锚"状。躯干部分多少有些膨大，笔直或弯成S状，或偶有呈马靴状。自由胸节变为狭窄圆柱状。末端有1对小而分节的尾叉，通常很小，甚至缺失。雌虫个体大于雄性，营寄生生活，大多具有1对卵囊，卵囊带状，或短棒囊状，或细长。卵粒单行或多行。第1触角近于圆柱状，节数少；第2触角2～3节，螯状，偶有付缺。

早在1956年，尹文英院士等就对锚头蚤生活史做过比较详细的研究。将锚头蚤的生活史分为无节幼体、桡足幼体时期和成虫期。锚头蚤的无节

幼体又可以分为 5 个时期，即第 1～5 无节幼体时期。无节幼体自卵中孵化出来后，就能够在水中自由游泳。处于这个时期的幼虫通常是做间歇性的游动，即猛烈地挥动附肢游动数次至十多次后，停息在水底或附在水体中物体上，过一会再游动。幼虫游动时身体一般向前上方作 45°的倾斜，向前上方游去，停止游动时附肢下垂并拢，身体就慢慢下沉。

锚头蚤的桡足幼体时期也可以分为 5 个时期，从第 5 无节幼体体内孕育出来的第 1 桡足幼体，就开始具有剑水蚤式的体型、体节、附肢的数目和构造，并且随着发育时期而增生。从第 1 桡足幼体到第 5 桡足幼体，每次脱皮后身体增加 1 节，附肢增生 1 对。锚头蚤在第 5 桡足幼体时期进行雌、雄虫体交配。只有雌性成虫才营永久性寄生生活，幼虫及雄性成虫均营自由生活。

营寄生生活的雌性成虫期，据虫体的形态可以分为"童虫""壮虫"和"老虫" 3 个阶段。"童虫"状如细毛，无卵囊，寄生在鱼体上的部位出现血斑；"壮虫"身体透明，可见体内墨色的肠蠕动，卵巢在肠道两侧占显著位置，其身体后端常带有 1 对卵囊，用手拨动虫体时可以竖起；"老虫"身体浑浊，变软，体表常着生许多累枝虫等附着生物。

关于寄生在鱼体上锚头蚤的寿命，学者们观察研究的结果则不尽相同，不同季节锚头蚤寿命有所差别。夏季锚头蚤寿命最短，秋季随着水温变冷，锚头蚤寿命最长。根据潘金培等（1979）于 1973～1975 年针对八组群体和 106 尾鲢、鳙个体上寄生多态锚头蚤在鱼体上存活时间的观察结果，最后统计 54 个虫体共存活 1082 天，采用均数公式计算出在夏季多态锚头蚤的平均寿命仅为 20 天。

对于春、秋两季锚头蚤的寿命虽然没有得出确切的试验结论，但是根据多年对野外池塘中的发病和寄生虫在鱼体表寄生数量的观察结果，潘金培等（1979）认为在春季第一次发病高峰感染的锚头蚤，在每年的 6 月中旬就发现有脱落，说明春季锚头蚤的寿命要比夏季稍长，虫体可以在鱼体上存活 1～2 个月。

潘金培等（1979）在武汉市东湖附近的一口鱼种越冬池，观察了秋季感染的锚头蚤的寿命。该池饲养有 8.0 万尾体长为 12.0 厘米的鳙鱼种，

1975年10月发生锚头蚤病，当时感染率达到73.0%，感染强度为2.6虫/鱼。到当年11月底检查时，感染率和感染强度均没有变化。到1976年2月再次检查时，绝大部分锚头蚤自然脱落，159尾鱼上只查出2尾鱼体上各有1个虫体。这个结果说明，在秋季感染的锚头蚤，显然比春季和夏季感染虫体的寿命长，由此推测秋季锚头蚤最长的寿命可以到达3～5个月，能够熬过越冬期的虫体则是极少数。

潘金培等（1979）采用敌百虫杀灭幼虫与成虫的试验结果表明，药物只能杀死尚处于自由生活阶段的锚头蚤的幼虫，而不能杀死已经寄生在鱼体上的成虫，这个研究结果是与川本等（1965）、Meyer（1966）和Hoffman等（1974）的研究报告中结果是大致相同的。

潘金培等的药物治疗养殖鱼类锚头蚤病试验过程，随着药物浓度在试验水体中逐渐增加，试验鱼会因药物浓度过高而中毒死亡，当从死亡的试验鱼体上摘下锚头蚤，放在显微镜或者解剖镜下观察时，可以发现其虫体中显示墨色的肠依然在上下蠕动，即表明此寄生虫体依然活着。这个结果说明，使用杀虫药物的浓度已经达到了能毒死患病鱼的程度，也没有能够有效地杀灭寄生在鱼体上的锚头蚤。因为一旦锚头蚤寄生到鱼体上，无论是处于"童虫""壮虫"还是"老虫"阶段的虫体，由于可以受到药物影响的锚头蚤头部已经叮入水产养殖动物机体内，因此，泼洒在养殖水体中的各种杀虫药物，实际上是难以对其产生药理作用的。

陈昌福等查阅我国水产养殖病害防治相关的文献，发现有大量的关于药物治疗养殖鱼类锚头蚤病"验方"的文章。"验方"中出现最多的是利用各种中草药治疗养殖鱼类的锚头蚤病，如马尾松叶（或松果）、苦楝树皮（叶、果均可）、桑树叶、苦楝树根、菖蒲、辣蓼、大黄、乌桕叶、艾蒿、枫杨叶、烟叶（烟灰）、生姜、辣椒、五倍子等多种中草药。还有人利用一些常用的杀虫药物治疗鱼类锚头蚤病，如硫酸铜和硫酸亚铁、氯化钠、高锰酸钾、敌百虫、氯氰菊酯、碘、戊二醛、甲醛等。

另有人认为利用一些粗养时投放的饲料，如豆粕、花生粕、棉粕、茶粕、酒糟等农副产品，可治疗鱼类锚头蚤病。还有人利用人和畜禽的排泄物治疗鱼类锚头蚤病，如人尿、猪粪尿、鸡粪、牛粪等。甚至还有人认为不需要在池塘中投放任何物质，只是在患病鱼池中加入少量池水，或者只是将池水搅浑，就可以有效治疗鱼类的锚头蚤病。

为什么会出现这么多的所谓有效治疗药物呢，原因可能在于寄生锚头蚤有限寿命而导致的"自愈现象"。当人们发现养殖鱼类发生了锚头蚤病时，由于肉眼能看见的锚头蚤大多是处于"壮虫"和"老虫"阶段（因为"童虫"阶段虫体如白色细线，不易看见），随后，他们根据自己的经验或者听从别人的介绍，开始准备相应的药物并将其泼洒到养殖水体中，等待几天后再捞起患病鱼体检查用药效果的时候，就很可能因为原来寄生在鱼体上的"老虫"和部分"壮虫"已经自然脱落（虫体脱落后的短时间内，虫体寄生处会留下红色斑点），主观上误认为是自己采取的泼洒药物治疗锚头蚤病具有明显疗效，于是，一篇介绍某种药物（或者方法）治疗养殖鱼类锚头蚤病的文章就出现了。而锚头蚤的生活史明确告诉我们，对于已经进入"老虫"阶段的锚头蚤，即使不采取任何药物治疗措施，也是一定会从寄生的鱼体上脱落下来的。

2. 水霉病

我们通常所说的鱼类水霉病的致病菌属于真菌。引起鱼类水霉病的病原体分布于水霉目、水霉科，常见的种类隶属于水霉科下的水霉属（体表寄生）、棉霉属、鳃霉属（鳃部寄生）、细囊霉属、丝囊霉属和网囊霉属。

水霉科中菌丝均为管状，无隔，多核，多分支。一般由内菌丝和外菌丝组成。内菌丝纤细分枝繁多，蔓延在鱼类机体之内；外菌丝粗壮分枝较少，当处于不良环境时，其尖端膨大，同时其内积聚稠密的原生质，并生出横隔与该菌丝剩余部分隔开，形成抵抗恶劣环境的厚垣孢子，这种分隔有时可在1根菌丝上反复进行多次，形成1串念珠状的厚垣孢子。厚垣孢子遇到适宜的环境时，即萌发成菌丝或形成动孢子囊。

无性繁殖表现为：菌丝的梢端（除细囊霉和丝囊霉外）常膨大成棍棒、纺锤状等，通过分化成熟，由孢子囊顶端释放无性的游动孢子，具2根顶生的鞭毛（1茸鞭和1尾鞭），梨形；经一段时间游动后转变为静止孢子，静止孢子再次释放第2代游动孢子，肾形，具2根侧生的鞭毛；第2

代游动孢子静止后，可萌发产生一至多根芽管，继而发展成丝状菌体。在环境恶劣的时候，菌丝可形成厚垣孢子，环境好转后厚垣孢子可直接萌发形成菌丝体。

水霉科各属有性繁殖的过程比较相似，均为卵配生殖，藏卵器球形和椭圆形，内含一到多个卵球。受精时由雄器枝紧贴在藏卵器的壁上，并用受精管穿过藏卵器的壁，然后雄核通过这个输精管进入卵球内，每个卵球引进一个雄核。

水霉菌分布广泛，大多生长在淡水或泥土中的有机物上。多数腐生，少数寄生，对鱼和鱼卵危害较大。在一般水体中终年可见，其对温度有相当强的适应性，在3～33℃时均可生存，但其中大多数水霉菌繁殖的最适温度条件是春季和秋季（3～26℃）。

水霉菌通常被认为是条件致病菌。条件致病水霉菌侵袭鱼类时，主要是在鱼类体表受伤、感染某种其他病原或饲养管理不当导致鱼体本身免疫力低下时，水霉菌的游动孢子、卵孢子以及粘在鱼体表面黏液上的菌丝片段，在鱼体表皮繁殖，导致鱼或鱼卵感染。寄生水霉，其有性繁殖比较困难，多为无性繁殖。

水霉菌侵袭鱼体表皮组织，通常从鳍条和头部开始，继而扩散到整个体表。鱼体感染初期通常表现为肉眼可见的灰或白色斑点或斑纹，继续发展后期则像棉花状，以圆形、新月形、旋涡形辐射覆盖在鱼体表。

陈昌福研究团队做了鱼体感染水霉菌前后，施用杀灭水霉菌药物效果对照试验。一系列含有水霉致病菌丝水族箱中放入人为致伤的试验鱼，设置3个用药试验组，在投放试验鱼前1.0小时，0小时和投放后2.0小时分别投入治疗药物，杀灭水体中的水霉菌丝，另设1个不放任何药物的空白对照组。

（1）试验材料

① 水霉致病菌丝　从养殖池塘中找到数尾已经严重感染水霉病的患病鱼，用解剖刀刮下水霉菌丝，再用养殖池水把水霉菌丝进行适当稀释后，将其分别放入一系列盛有养殖池水的水族箱中，备做对水产养殖动物感染水霉病的饲养组列。

② 人为致伤试验鱼　将健康的泥鳅、斑点叉尾鮰和异育银鲫等几种养殖鱼类人为致伤后，作为试验鱼，放养在盛有含水霉菌丝的水族箱中，连续饲养观察试验鱼体表水霉菌寄生和发展的状况。

（2）试验过程

① 第一试验组，在投放人为致伤试验鱼之前的 1.0 小时，向盛有含水霉菌丝的水族箱中，分别投放一定浓度的硫醚沙星、二氧化氯或者鑫华生杀藻剂等药物，以杀灭水体中的水霉菌丝，作为提前用药的第一试验组。

② 第二试验组，在投放人为致伤试验鱼的同时，投入同样浓度的上述药物以杀灭水体中的水霉菌丝，作为与放养试验鱼同时用药的第二试验组。

③ 第三试验组，在投放人为致伤试验鱼之后的 2.0 小时，再投入同样浓度的上述药物以杀灭水体中的水霉菌丝，作为先投放试验鱼后用药的第三试验组。

④ 第四试验组，在盛有没有用药的水族箱中，放养同样数量的人为致伤试验鱼，作为本试验不用药的空白对照组。

（3）试验结果

对人为致伤的试验鱼经过连续几天的饲养观察后，就获得了明确的试验结果。提前用药的第一试验组的试验鱼其体表长出了少量水霉菌丝，但是，发病率在 3 个试验组中是最低的；同时用药的第二试验组的试验鱼同样出现了水霉病感染，而且比第一试验组严重，而较先投放试验鱼后用药的第三试验组轻；第三试验组的试验鱼均发生了水霉病，并且与没有施用药物的对照组在严重程度上没有什么差别。从第一、二、三试验组到对照组，感染试验患上水霉病的程度，依次为轻、稍重、严重、严重。

从该试验得出结论：一是一旦鱼类患上水霉病，达到肉眼可见的程度时，施用药物治疗水霉病也就无效了，因为水霉内菌丝已经蔓延深入到鱼机体内，药物对内菌丝不会起任何作用；二是通过提前施用药物来预防水霉病发生，难度很大。水霉两种形态，菌丝与孢子，水霉孢子形态就是为了抵御不良环境，提高生存能力的。因此，在保证池塘鱼类安全的施用药物浓度下，想通过彻底杀灭水霉来达到预防目的是非常难的。

下篇

"零用药"
——水产绿色生态养殖的实现

第八章
常用的几项水质参数

　　养殖生产日常管理中，经常测量的水质参数指标，除了溶氧、水温、碱（硬）度外，就是pH、氨氮、亚硝酸盐三项指标。池塘水质状况好坏是通过这些水质参数反映出来的，但这些水质参数指标的高低只不过是池塘生态系统及其水生生物活动的外观表象。

一、 pH 的概念与八大离子

　　pH是衡量水溶液酸碱度的参数，是水体重要的非生物因子。它被定义为水体中氢离子浓度的负对数（pH＝－lg［H$^+$］）。pH每上升或降低1个单位，氢离子浓度相差10倍。

　　pH的概念是从水的离解发展而来的：

$$H_2O \Longrightarrow H^+ + OH^-$$

　　水体中除了H$^+$和OH$^-$，另外主要有八大离子：Ca^{2+}、Mg^{2+}、K$^+$、Na$^+$、HCO$_3^-$、CO$_3^{2-}$、SO$_4^{2-}$和Cl$^-$。其中，Ca^{2+}、Mg^{2+}、K$^+$和Na$^+$是阳离子，HCO$_3^-$、CO$_3^{2-}$、SO$_4^{2-}$和Cl$^-$是阴离子。

　　水呈电中性（正电荷与负电荷相等），依据阴阳离子平衡原理：

$$[H^+]+[Ca^{2+}]+[Mg^{2+}]+[Na^+]+[K^+]=$$
$$[HCO_3^-]+[CO_3^{2-}]+[SO_4^{2-}]+[Cl^-]+[OH^-]$$

通常情况下（25℃），当 pH<7 的时候，水体呈酸性；当 pH>7 的时候，水体呈碱性；当 pH=7 的时候，水体呈中性。

二、养殖池塘的 pH

养殖池塘水体富营养化，有机物多，生物量大，藻类丰富且多变，光合作用和呼吸作用旺盛，二氧化碳的消耗与产生变化剧烈。光合作用和呼吸作用是影响池塘水体 pH 变化的主要生物学过程，它们通过改变水中二氧化碳（CO_2）的总量而起作用。

1. pH 与 CO_2-HCO_3^--CO_3^{2-} 缓冲体系

pH 与 CO_2-HCO_3^--CO_3^{2-} 缓冲体系（包括游离的 CO_2、H_2CO_3、HCO_3^- 和 CO_3^{2-}）的平衡过程密切相关。大气中的 CO_2 在水中的溶解性高，而当 CO_2 溶于水，便在水中形成一个动态平衡体系。当 pH 升高时，H_2CO_3 分解成 H^+ 和 HCO_3^-，HCO_3^- 还可以进一步分解成 H^+ 和 CO_3^{2-}。如式（8-1）所示：

CO_2（呼吸作用产生和大气溶入）

↓

$$CO_2 + H_2O \rightleftharpoons H_2CO_3 \rightleftharpoons H^+ + HCO_3^- \rightleftharpoons 2H^+ + CO_3^{2-} \qquad (8-1)$$

↓   ↓

光合作用（藻类） $CaCO_3$（s）沉淀

藻类的光合作用消耗 CO_2，促使式（8-1）平衡向左移动，导致 H^+ 被吸收，H^+ 减少，pH 上升；而池塘的呼吸作用（生物呼吸和水呼吸）释放出 CO_2，促使式（8-1）的反应平衡向右移动，H_2CO_3 浓度随之升高，H^+ 随着 H_2CO_3 浓度升高而升高，水体 pH 随之降低。

晴朗中午的表水层，当池塘藻类迅速增殖时，光合作用旺盛大量消耗水中的 CO_2，致使 pH 大幅上升；而夜晚，池塘呼吸作用占据主导地位，水体中大量积累 CO_2，pH 明显下降。

由于池塘水体中光合作用和呼吸作用具有明显的时空不均的特点，因而水体 pH 也有明显的昼夜变化及垂直上下分层现象。

2. 一天中水体 pH 的昼夜变化

一般情况下，人们测量 pH 都是在上表水层，加上底层水 pH 昼夜波动幅度很小，所以这里讲的水体 pH 的昼夜变化都是指上表水层。

上表层水 pH 的昼夜变化总是围绕着 pH 原点波动，晴朗的白天，尤其中午以后，池塘中光合作用旺盛，大量消耗 CO_2，CO_2 减少，pH 高于 pH 原点；夜晚池塘呼吸作用占据主导地位，特别是在凌晨期间，CO_2 不断积累增多，pH 低于 pH 原点（图 8-1）。

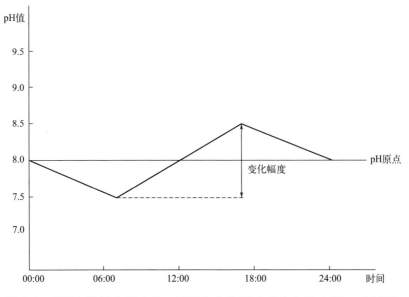

图 8-1　1 天中池塘上层水体 pH 昼夜变化模式（改自林文辉，2017）

pH 原点是珠江水产研究所林文辉研究员提出的概念，pH 原点是指水体中 CO_2 浓度与大气平衡时的 pH 值，是水体的自然属性之一，它代表着水体中阳离子和阴离子的平衡度。一般来说，盐度越高，pH 原点越高；总碱度越高，pH 原点越高。

3. 决定 pH 状态有三个因素： pH 原点、藻类活性以及细菌活性。

pH 原点的变化是一种漂移，即变化速度比较慢，一般不会发生比较大的突然变化。原点的调节是通过八大离子的调节来实现的，原点偏低可通过补充阳离子来提高（根据水体的离子平衡补充 Ca^{2+} 或 Mg^{2+} 或 K^+ 或 Na^+）；原点偏高可通过补充阴离子来降低，但只能补充 SO_4^{2-} 或 Cl^-，不能补充 CO_3^{2-} 或 HCO_3^-，因为 CO_3^{2-} 和 HCO_3^- 是与大气平衡的，不可能单独提高。

例如，早上池塘水体的 pH 应该低于原点，说明池塘中的呼吸作用产生的 CO_2 能补偿前一天藻类光合作用所消耗的 CO_2。否则表明池塘微生物活性不足或微生物数量不够。下午池塘水体的 pH 应该高于原点，说明藻类活性正常，否则表明藻类老化或藻类数量不够，光合作用能力降低。

日常管理中，如果 pH 的昼夜变化围绕着原点波动，即日均 pH 位于pH 原点附近，说明藻菌处于平衡状态；如果日均 pH 高于原点并向上方移动，说明微生物活性降低，此时应该考虑提高微生物活性；如果日均pH 低于原点并向下方移动，说明藻类在老化，此时应该调节藻类活性。

池塘上表水层的 pH 昼夜出现一定幅度的变化，反映了池塘生态系统运转的健康状况，以及藻类、细菌的活力程度。

林文辉（2017）分析，假如一天 pH 昼夜的变化很小，会有三种情况：

① 水中很少或没有生物，既不产生 CO_2，也不消耗 CO_2。

② 呼吸作用所产生的 CO_2 大约等于光合作用所消耗的 CO_2，阴间多云的天气会出现这种状况，光合作用消耗 CO_2 的量与呼吸作用产生 CO_2 的量都没有出现高峰。

③ 死水——藻类和微生物都没有活性。

对于池塘养殖而言，第一种情况是瘦水，需要培水；第二种情况是健康状态；第三种情况是池塘生态系统崩溃！

4. 养殖周期 pH 的变化规律

池塘 pH 除了昼夜周期性变化外，还存在季节的变化。从清塘进水、苗种投放开始，整个养殖周期，pH 季节变化呈现前高后平的特点。要了解这个变化规律，必须了解池塘 CO_2 的消耗和产生的消长规律。

养殖前期，由于清塘消毒杀菌，微生物、原生动物很少，养殖动物生物量也小。一方面水体施肥后藻类生长很快，而原生动物、浮游动物等藻类牧食者生长滞后，新生长的藻类 95％以上的光合作用产物都用于自我繁殖，藻类增殖旺盛，因此，二氧化碳的消耗量很大；另一方面，养殖前期，随着养殖动物慢慢生长，饲料投喂量逐渐增大，残存饵料及动物排泄物等悬浮有机物慢慢增多，所以由池塘呼吸产生的二氧化碳慢慢增加。

由于上述两方面原因，养殖前期池塘中 CO_2 的消耗远远大于 CO_2 的产生，水体中 CO_2 严重缺乏，由于空气中的 CO_2 浓度很低，靠空气扩散难以补充水体缺失的 CO_2，因此，这一阶段 pH 快速上升。特别是在晴朗天气的下午，光合作用旺盛，pH 常常处于高位。

随着池塘中原生动物、浮游动物开始繁殖起来，以及搭配滤食鱼类（如花白鲢）的投放，藻类和牧食藻类生物之间相对平衡。晴朗天气的下午光合作用过于旺盛现象有所减缓，pH 上升速度减慢。

另外，随着养殖动物的继续生长，饲料投入量持续增加，残存饵料及动物排泄物等悬浮有机物继续增多，所以由池塘水呼吸产生的二氧化碳量持续增加，因而池塘水体 pH 缓慢回落。养殖后期池塘水体 pH 处于平稳状态，晴朗天气下午池塘水体 pH 超高的现象将不再是普遍情况。

在养殖周期中，池塘水体 pH 出现的这种前高后平变化规律，在河南郑州黄河滩区鱼池体现得非常明显。每年的 4 月中旬至 7 月中旬，居高不下的池塘水体 pH 折腾得养殖户叫苦不迭。降碱灵、降碱快等药物应运而生，杀藻药物和大量的盐酸、硫酸被频繁泼洒……这些降 pH 措施不仅劳民伤财，难以持久，容易反弹，而且严重破坏池塘水体生态系统的自我净化能力，致使该阶段成为养殖病害流行的高发期。恐怖的鲤鱼"急性烂鳃"主要的流行高发期就处在这个时间段。

三、养殖池塘的氨氮与亚硝酸盐

氨氮与亚硝酸盐是养殖生产中最常测量的水质参数，也是反映水环境状况、水质恶化程度最直接的水质指标。

1. 氨氮与亚硝酸盐的来源

一般氨氮有两大来源：一是池塘有机污染物的分解产物；二是养殖动物及其他水生动物的排泄物。氨氮有两种形式，NH_3 和 NH_4^+，水环境里氨氮这两种形式可以相互转化。

亚硝酸盐是 NH_3、HNO_3、N_2 等氮元素不同形态相互转化过程中的中间产物，这里氮转化主要指氨硝化作用、硝酸呼吸（还原）或脱氮作用。

氨硝化作用，是指在有氧条件下，经亚硝化细菌和硝化细菌的作用，氨被氧化为亚硝酸和硝酸。亚硝化细菌和硝化细菌通过氧化氨和亚硝酸以获得能量用于生长。但因为从氨氧化成亚硝酸和亚硝酸氧化成硝酸过程所获得的能量很少，所以，亚硝化细菌和硝化细菌生长速度非常慢，特别是硝化细菌。

$$2NH_4^+ + 3O_2 \longrightarrow 4H^+ + 2NO_2^- + 2H_2O + 能量$$
$$2NO_2^- + O_2 \longrightarrow 2NO_3^- + 能量$$

硝酸呼吸（还原）或脱氮作用，一般是在缺氧条件下，由反硝化菌或脱氮菌参与的过程。这些厌氧微生物可以利用硝酸或其他氮的氧化物代替氧作为呼吸中的最终电子受体。当硝酸还原为亚硝酸、次亚硝酸、羟胺或氨时，这种异养过程称为硝酸还原或硝酸呼吸。硝酸进一步发生还原作用，形成一氧化二氮（N_2O）或氮气（N_2）的过程，称为脱氮作用。

2. 氨氮 NH_4^+-NH_3 平衡

氨氮中 NH_4^+ 和 NH_3 两种形式，都是藻类能够直接吸收利用的，但 NH_3 对养殖动物有很大的毒性。所以了解知悉 NH_4^+-NH_3 平衡转换对实际养殖生产具有很重要的指导意义。

进入水体中氨氮，建立如下平衡：$NH_3 + H_2O \rightleftharpoons NH_4^+ + OH^-$

一般来说，温度一定时水体氨氮中 NH_3 和 NH_4^+ 的比例取决于水体 pH 值，pH 值越高，NH_3 比例越大。具体 NH_3：NH_4^+ 比值取决于养殖水体的 pH 值和水温，pH 值越小，水温越低，氨（NH_3）的比例越小，其毒性越低，pH 低于 7.0 时，几乎都是离子氨（NH_4^+）；pH 越高，水温越高，氨（NH_3）的比例越大。不同 pH 和温度下水体氨氮中氨（NH_3）的比例见表 8-1。

$$氨（NH_3）的比例 = \frac{[NH_3]}{[NH_4^+] + [NH_3]} \times 100\%$$

式中　　　$[NH_3]$——水体中 NH_3 的浓度，毫克/升；

$[NH_4^+]$——水体中 NH_4^+ 的浓度，毫克/升；

$[NH_4^+] + [NH_3]$——水体中总氨氮浓度，毫克/升。

表 8-1　不同 pH 值和温度下水溶液中氨（NH_3）的比例（引自 Boyd，2003）

单位：%

pH	16℃	18℃	20℃	22℃	24℃	26℃	28℃	30℃	32℃
7.0	0.30	0.34	0.40	0.46	0.52	0.60	0.70	0.81	0.95
7.2	0.47	0.54	0.63	0.72	0.82	0.95	1.10	1.27	1.50
7.4	0.74	0.86	0.99	1.14	1.30	1.50	1.73	2.00	2.36
7.6	1.17	1.35	1.56	1.79	2.05	2.35	2.72	3.13	3.69
7.8	1.84	2.12	2.45	2.80	3.21	3.68	4.24	4.88	5.72
8.0	2.88	3.32	3.83	4.37	4.99	5.71	6.55	7.52	8.77
8.2	4.49	5.16	5.94	6.76	7.68	8.75	10.00	11.41	13.22
8.4	6.93	7.94	9.09	10.30	11.65	13.20	14.98	16.96	19.46

pH	16℃	18℃	20℃	22℃	24℃	26℃	28℃	30℃	32℃
8.6	10.56	12.03	13.68	15.40	17.28	19.42	21.83	24.45	27.68
8.8	15.76	17.82	20.08	22.38	24.88	27.64	30.68	33.90	37.76
9.0	22.87	25.57	28.47	31.37	34.42	37.71	41.23	44.84	49.02
9.2	31.97	35.25	38.69	42.01	45.41	48.96	52.65	56.30	60.38
9.4	42.68	46.32	50.00	53.45	56.86	60.33	63.79	67.12	70.72
9.6	54.14	57.77	61.31	64.54	67.63	70.67	73.63	76.39	79.29
9.8	65.17	68.43	71.53	74.25	76.81	79.25	81.57	83.68	85.85
10.0	74.78	77.46	79.92	82.05	84.00	85.82	87.52	89.05	90.58
10.2	82.45	84.48	86.32	87.87	89.27	90.56	91.75	92.80	93.84

3. 氨氮、亚硝酸盐的危害

（1）氨（NH_3）对养殖动物的毒害机理 还是以养殖鱼类为例来说明。养殖鱼类的鳃不仅是呼吸器官，也是主要的排泄器官，体内新陈代谢产生的氨氮，大多通过鳃排出体外，当水体氨（NH_3）含量高时，鱼类氨氮的排泄受阻，造成血液和鳃组织中的氨积累上升，呈现氨中毒。鳃组织氨上升，将会损伤鳃组织、降低其血液携氧能力以及增加鳃组织氧的消耗。血液中氨水平升高，致使血液 pH 上升，这对其酶促反应和膜的稳定性存在不良影响。浸泡在氨亚致死浓度溶液中的鱼类，其肾、脾、甲状腺和血液会出现组织学的变化。

即使处在中等氨（NH_3）浓度的环境条件下，也会造成不利影响。如在约 1.0 毫克/升的氨（NH_3）浓度下，鱼虾可能慢性中毒，出现下列现象：一是干扰渗透压调节系统；二是易破坏鳃组织的黏膜层；三是食欲差，饲料利用率下降，生长速度慢。

（2）亚硝酸盐对养殖动物的毒害机理 当亚硝酸盐被养殖鱼类吸收后，与血液中血红蛋白反应生成高铁血红蛋白：

$$Hb + NO_2^- \longrightarrow Met - Hb$$

在这个反应中，血红蛋白中的亚铁血红素被氧化成高铁（正铁）状态，所产生的高铁血红蛋白没有携氧能力。由于这个原因，亚硝酸盐毒害性体现在造成血红蛋白活性下降或功能性贫血症，所以，亚硝酸盐毒性称为高铁血红蛋白症。含有相当数量高铁血红蛋白的血液呈棕色，所以亚硝酸盐中毒一般称为"棕血病"。

Schwedler 等研究发现，在池塘条件下养殖的叉尾鮰血液中高铁血红蛋白含量，处于总血红蛋白的 5%～90%。当高铁血红蛋白含量达到 25%～30%时血液稍微出现棕色，当含量为 50%或更高时血液呈现巧克力棕色。

某些鱼类具有将高铁血红蛋白通过高铁血红蛋白还原酶的作用还原回血红蛋白的能力。当水体中亚硝酸盐浓度下降或当鱼类被转移到亚硝酸盐浓度低的水中时，鱼类可以从亚硝酸盐中毒状态中很快恢复过来，但毒害严重时，从亚硝酸盐中毒中完全恢复需要 24 天。

同样，长期处于亚硝酸盐浓度不高的水体中的养殖动物，会增加其对疾病的敏感性和降低其生长速度。

4. 池塘生态系统中含氮无机物的处理

这里含氮无机物主要是指 NH_3 或 NH_4^+、NO_3^-、NO_2^- 等。

（1）含氮无机物是藻类最重要、基本的营养元素，水体中如 NH_3 或 NH_4^+、NO_3^-、NO_2^- 中的氮元素都是藻类可以直接吸收利用的有效氮的形态。藻类吸收利用水体中这些含氮无机物，通过光合作用合成自身的物质，这一过程称为同化作用。

确保稳定持续的多样化藻类种群，是去除水体超标含氮无机物最直接有效的措施。日常管理中，要避免藻类水华、倒藻，避免药物杀藻，以防藻类生态功能缺失断档。

（2）含氮无机物也是微生物（亚硝化细菌、硝化细菌、反硝化细菌或脱氮菌）的营养物质。这些微生物可以将含氮无机物用于自身生长，转化为细菌生物量，进入池塘食物链（网）中。

所以，维持池塘微生物生态种群稳定，确保其活力，同样是去除超标含氮无机物直接有效的措施。

四、硬度与钙镁离子

1. 硬度的表示单位

硬度是指水中二价及多价金属离子含量的总和，这些离子包括 Ca^{2+}、Mg^{2+}、Fe^{2+}、Mn^{2+}、Fe^{3+}、Al^{3+} 等，这些离子有一个共性——含量偏高可使肥皂失去去污能力。硬度最初是指水沉淀肥皂水化液的能力。

构成天然水硬度的主要离子是 Ca^{2+} 和 Mg^{2+}，其他离子在天然水中含量都很少，在构成水硬度上可以忽略。因此，一般都以 Ca^{2+} 和 Mg^{2+} 的含量来计算水的硬度。

表示水硬度的单位有多种，常用的有以下三种。

（1）毫摩尔/升（mmol/L）：以 1 升水中含有的形成硬度离子的物质的量之和来表示，为常用硬度单位。

（2）毫克 $CaCO_3$/升：以 1 升水中含有的与形成硬度离子的量所相当的 $CaCO_3$ 的量表示，符号为 mg/L（$CaCO_3$）。这种表示在单位后面一般应加括号注明是指 $CaCO_3$ 的量。这个硬度单位美国常用。

（3）德国度　此单位是将水中的 Ca^{2+} 和 Mg^{2+} 含量换算为相当的 CaO 量后，以 1 升水中含 10 毫克 CaO 为 1 德国度。

以上三个水硬度单位的换算关系：

1 毫摩尔/升（mmol/L）＝5.6 德国度＝100mg/L（$CaCO_3$）

2. 天然水的硬度

天然水的硬度主要是由 Ca^{2+}、Mg^{2+} 形成的。根据形成硬度的离子不同，可分为钙硬度、镁硬度等。考虑到水中与形成硬度离子共存的阴离子的组成，又可将硬度分为碳酸盐硬度和非碳酸盐硬度。碳酸盐硬度是指水中由钙镁的碳酸氢盐及碳酸盐所形成的硬度，这种硬度在水加热煮沸后，绝大部分可以因生成 $CaCO_3$ 沉淀而除去，故又称为暂时硬度。非碳酸盐硬度是对应于硫酸盐和氯化物的硬度，即由钙镁的硫酸盐、氯化物形成的硬度，用一般煮沸的方法不能从水中除去，所以又称为永久硬度。

天然水的硬度差别很大，雨水的硬度一般很低，靠雨水或融化雪水补给的河流、湖泊，水硬度都比较低。我国大多数地区地表水硬度都比较低，只有少数干旱、半干旱地区的盐碱、涝洼地的地表水硬度较高，而地下井水硬度普遍比较高。

一般把天然水按硬度分成六类，以碳酸钙浓度表示的硬度大致分为：

0～75 毫克/升：极软水；

75～150 毫克/升：软水；

150～300 毫克/升：中等软水；

300～450 毫克/升：硬水；

450～700 毫克/升：高硬水；

700 毫克/升以上：超高硬水；

3. 养殖池塘水的硬度

养殖池塘池水的硬度首先取决于所采用的水源水的硬度，其次与池塘土质有关。新修建的养鱼池，土壤中的可溶性钙、镁也会转入池水中，使水硬度增高。修建在盐碱地上灌注淡水的养鱼池，养殖初期，池水的盐度、硬度、碱度会处在较高的水平。随着塘龄的增加，土壤中的钙、镁因淋溶而减少，致使池水的总硬度逐年降低。

对淡水养殖池塘，生产管理上的操作及水中生物代谢活动也可使池水硬度发生变化。比如施用过磷酸钙，泼洒石灰浆水，都能使池水硬度变化。养殖池塘中的光合作用和呼吸作用能促使碳酸钙的沉积和溶解，可以使池水的硬度、碱度发生昼夜变化。

Ca^{2+} 在水中比较活跃，参与水中的溶解平衡与吸附平衡，含量处在不停的变化之中。水中的光合作用和呼吸作用就可以使池水硬度发生昼夜变化。这是因为一般养鱼池水中均存在以下的动态反应平衡：

$$Ca^{2+} + 2HCO_3^- \Longrightarrow CaCO_3 + H_2O + CO_2$$

当水中的光合作用速率超过呼吸作用速率时，就有 CO_2 的净消耗，促使反应向右移动；当呼吸作用速率超过光合作用速率时，就有 CO_2 的净补充，促使反应向左移动。

五、碱度与碳酸氢根、碳酸根离子

1. 碱度的表示单位

碱度是反映水结合质子的能力，也就是水与强酸中和能力的一个量。水中能结合质子的各种物质共同形成碱度，天然水中这些物质有碳酸氢根、碳酸根、羟离子及硼酸盐、磷酸盐、氨、硅酸盐等。

碱度一般用"ALK"或"A"表示。养殖水体中主要碱度成分为 HCO_3^-、CO_3^{2-} 和 OH^-。前二者称为碳酸盐碱度，后者称为羟基碱度。

各种碱度用标准酸滴定时可发生下列反应：

$$OH^- + H^+ \Longrightarrow H_2O$$
$$CO_3^{2-} + H^+ \Longrightarrow HCO_3^-$$
$$HCO_3^- + H^+ \Longrightarrow H_2CO_3$$

以上三种碱度的总和称为总碱度（A_T），可表示为：

$$A_T = [HCO_3^-] + 2[CO_3^{2-}] + [OH^-] - [H^+]$$

碱度的表示单位有 2 种：毫摩尔/升；毫克 $CaCO_3$/升。

（1）毫摩尔/升（mmol/L）：用 1 升水中含有能结合质子（H^+）的物质的量表示。

（2）毫克 $CaCO_3$/升 [mg/L($CaCO_3$)]：用 1 升水中含有能结合质子（H^+）的物质所相当的 $CaCO_3$ 的质量来表示。

对于碱度 1mmol/L＝50mg/L（$CaCO_3$）。

2. 天然水的碱度

天然水的碱度主要来自集雨区岩石、土壤中碳酸盐的溶解。

由于水文、地质和气候条件不同，我国地面水的总碱度具有一定的区域性。珠江水系、长江水系的碱度较低，例如珠江水系碱度一般在 1.5～2.3 毫摩尔/升范围，最低的东江碱度仅 0.4 毫摩尔/升。长江干流武汉段水的碱度平均值，丰水期为 1.93 毫摩尔/升，枯水期 2.46 毫摩尔/升，年平均 2.1 毫摩尔/升。黄河流域水的碱度一般均高于 2 毫摩尔/升，黄河干流的碱度在 2.21～5.00 毫摩尔/升范围，平均 3.25 毫摩尔/升。

地下水由于溶解了土壤中较高的 CO_2，使 $CaCO_3$ 等溶解度增加，井水中碱度、硬度一般比较高（注意，pH 此时不一定高，可能反而较低）。

3. 养殖池塘水的碱度

水的碱度受水中光合作用和呼吸作用的影响，会发生变化。对于生物密度很大的室外养鱼池，还会有周期性的昼夜变化，与前面提到总硬度的昼夜变化类似。变化的原因是水中存在以下两个化学平衡：

$$2HCO_3^- \rightleftharpoons CO_3^{2-} + H_2O + CO_2 \tag{8-2}$$

$$Ca^{2+} + CO_3^{2-} \rightleftharpoons CaCO_3 \downarrow \tag{8-3}$$

当光合作用速率超过呼吸作用速率时，CO_2 被不断吸收利用，平衡式（8-2）向右移动，结果是 CO_3^{2-} 含量增加，使平衡式（8-3）也向右移动，有 $CaCO_3$ 沉淀生成。两个化学平衡右移的结果是水的碱度、硬度下降，pH 上升。当呼吸作用速率超过光合作用速率时，不断有 CO_2 产生，促使平衡式（8-2）、式（8-3）均向左移动，其结果是碱度、硬度都上升，pH 下降。

如果水中 Ca^{2+} 含量不足，式（8-3）的平衡尚未建立，仅有式（8-2）平衡存在。这时光合作用和呼吸作用不会引起水体碱度、硬度的变化，只是碱度的组成及 pH 有相应的改变。

夏季水体碱度变化的幅度可以作为反映湖泊富营养化程度的一项指标：特贫营养湖夏季水体碱度变化小于 0.2 毫摩尔/升，中富营养湖水体碱度变化为 0.6～1.0 毫摩尔/升，超富营养湖水体碱度变化大于 1.0 毫摩尔/升。

表 8-2　生物学过程对碱度的影响（引自雷衍之，2004）

生物学过程	反应示意	对碱度的影响
碳同化	① $2HCO_3^- \longrightarrow CO_2 + CO_3^{2-} \longrightarrow$ 有机碳 $+ CO_3^{2-} + O_2$ ② $Ca^{2+} + 2HCO_3^- \longrightarrow$ 有机碳 $+ CaCO_3(s) + O_2$	A_T 不变 A_T 降低
呼吸作用	① 有机碳 $+ O_2 \longrightarrow CO_2 \longrightarrow HCO_3^- + H^+$ ② 有机碳 $+ O_2 + CaCO_3(s) \longrightarrow Ca^{2+} + HCO_3^-$	A_T 不变 A_T 增大
NH_4^+ 同化	$NH_4^+ \longrightarrow$ 有机氮 $+ H^+$	A_T 降低[①]
NO_3^- 同化	$NO_3^- \longrightarrow$ 有机氮 $+ OH^-$	A_T 增大[①]
氨化作用	有机氮 $+ O_2 \longrightarrow NH_4^+ + OH^-$	A_T 增大[①]
硝化作用	$NH_4^+ \longrightarrow NO_3^- + 2H^+$	A_T 降低[①]
脱氮作用	$NO_3^- \longrightarrow N_2(g)\uparrow + OH^-$	A_T 增大[①]

　　① 此处只反映了过程本身对碱度的影响。如有次级反应（后续过程）存在，情况就比较复杂。

　　表 8-2 列举了水域中常发生的典型生物学过程对碱度的影响。表中的"碳同化"与"呼吸作用"中的反应示意②表达的是存在 $CaCO_3$ 溶解沉淀平衡的次级反应时的情况，其余均只反映了生物学过程本身对碱度的影响。了解这种变化对我们在养鱼池水质调控及污水生物处理中认识碱度、pH 的变化，碳源的补充很有帮助。比如在利用硝化作用转化水中污染的 NH_4^+ 时，就要考虑向水中补充碳源，否则碱度和 pH 会不断降低。

六、碱度和硬度与水产养殖的关系及其意义

　　对于池塘养殖水质属性来说，水体碱度和硬度都是非常重要的水质参数。

1. 碱度与水产养殖的关系

　　养殖用水需要有一定的碱度，碱度过高又有害。水体碱度与水产养殖的关系体现在以下三个方面：

（1）降低重金属的毒性　重金属一般是游离的离子态毒性较大。重金属离子能与水中的碳酸盐形成络离子，甚至生成沉淀，使游离金属离子的浓度降低。例如 R. W. Andrew 等（1977）在研究铜对大型蚤的毒性时证实，铜的有毒形式是 Cu^{2+}、$CuOH^+$，可是当湖水的碱度足够大时（42～511 毫克 $CaCO_3$/升，pH7.8～8.0），加进水中的铜离子约有 90% 转化为碳酸盐络合物，Cu^{2+}、$CuOH^+$ 的实际浓度很低，因而表现出铜的毒性也就小。在用含重金属药物防治鱼病时要注意用量（剂量）与水体的碱度有关。碱度大，含重金属的药物效果就会降低。

（2）调节 CO_2 的产耗关系、稳定水的 pH　由于水中存在以下化学平衡：

$$Ca^{2+} + 2HCO_3^- \Longrightarrow CaCO_3(s) + H_2O + CO_2$$

光合作用强烈时，上述化学平衡将向右移动，补充被光合作用消耗的 CO_2。当呼吸作用较强时，多余的 CO_2 可以通过化学平衡向左移动转变为 HCO_3^- 而储备起来。因此，碱度较大可以使水中 CO_2 含量稳定，pH 相对稳定。

（3）碱度过大对养殖生物的毒害作用　在我国干旱与半干旱地区有一些水域碱度偏大，水中经济水生生物的种类就明显减少，有的甚至没有经济种类生存，移植驯化耐盐种类也未能成功。例如内蒙古的达里诺尔湖，湖水的离子总量 5.6 克/升，总碱度 44.5 毫摩尔/升，Ca^{2+} 为 0.14 毫摩尔/升，Mg^{2+} 为 1.0 毫摩尔/升，pH=9.5，在湖内的经济鱼类只有瓦式雅罗鱼及鲫鱼。

美国环保局《水质评价标准》中提出："除天然浓度较低外，为了保护淡水生物，以 $CaCO_3$ 表示的碱度应不小于 20 毫克/升（$CaCO_3$）"。

雷衍之等提出，四大家鱼养殖用水的碱度的危险指标是 500 毫克 $CaCO_3$/升（10 毫摩尔/升）。所谓危险指标是指碱度达到这个值的水用于养鱼应特别小心，pH 升高就会引起养殖鱼类大批死亡。增加水中钙的含量可以降低水的碱度。

2. 硬度与水产养殖的关系

作为淡水养殖生产用水，要求有一定的硬度，即要求水中有一定的钙、镁含量。

钙、镁是生物生命过程所必需的营养元素，它们不仅是生物体液及骨骼的组成成分，还参与体内新陈代谢的调节。

钙是动物骨骼、介壳及植物细胞壁的重要组成元素，而且对蛋白质的合成与代谢、糖类的转化、细胞的通透性以及氮、磷的吸收转化等均有重要影响。缺钙会引起动植物的生长发育不良。虽然不同的藻类对钙的需要情况相差甚大，但钙是水体初级生产不可缺少的因子。藻类细胞必需钙，硅藻大都喜欢在硬水中生长，水中钙含量过少会限制藻类的增殖。

镁是叶绿素中的成分，各种藻类都需要镁。镁在糖代谢中起着重要的作用。植物在结果实的过程中需要较多的镁。镁不足，核糖核酸（RNA）的净合成将停止，氮代谢紊乱，细胞内积累糖类及不稳定的磷脂。缺镁还会影响对钙的吸收。

有调查发现，池水总硬度小于 10 毫克 $CaCO_3$/升（约 0.2 毫摩尔/升），即使施用无机肥料，浮游植物也生长不好。总硬度为 10～20 毫克 $CaCO_3$/升（0.2～0.4 毫摩尔/升）时，施无机肥料的效果不稳定。仅在总硬度大于 20 毫克 $CaCO_3$/升时，施用无机肥料后浮游植物才大量生长。美国有人在软水池塘进行添加生石灰的试验，当总硬度由 7.8 毫克 $CaCO_3$/升增至 32 毫克 $CaCO_3$/升后，水中碱度增大至原来的 4 倍，罗非鱼的产量增加约 25%。

钙离子可降低重金属离子和一价金属离子的毒性。有人用硬头鳟做试验，当水的硬度从 10 毫克 $CaCO_3$/升增加到 100 毫克 $CaCO_3$/升时，铜和锌的毒性大约降低了 3/4。许多重金属离子在硬水中的毒性都比在软水中的要小得多，这可能是由于钙可减少生物对重金属的吸收。

钙、镁离子可增加水的缓冲性，故具有一定的硬度可以使水具有较好的缓冲性，即具有较好的保持 pH 的能力。

3. 碱（硬）度在水产养殖中的意义

一般情况下，地表天然水碱度和硬度相差不会太大。在一些极少情况下碱度和硬度会产生偏离，往往是与不良土壤或矿物接触的后果，如与盐碱地接触导致碱度升高、硬度降低；而与酸性硫酸盐土壤接触导致硬度升高、碱度降低。

因此，生产实践中可以这样理解，碱度与硬度好似一枚硬币的正反两面，碱度是阴离子，HCO_3^- 与 CO_3^{2-}；硬度是阳离子，Ca^{2+} 与 Mg^{2+}，阴阳离子是对应的平衡关系。有些报告常常标示为碱（硬）度，它们的计量单位都用"毫克 $CaCO_3$/升"表示。

碱（硬）度在养殖管理中有什么作用或意义？从以下两方面来说。

一是天然生产力角度，有碱度，即水体中含有 HCO_3^- 与 CO_3^{2-}，说明该水体潜在有 C 元素的营养素；有硬度，即水体中含有 Ca^{2+} 与 Mg^{2+}。C 元素是藻类主要的营养素，Ca^{2+} 与 Mg^{2+} 需要量很小，所以从生产力角度来说主要看碱度。

二是具有一定的碱（硬）度，水质就具备了良好的缓冲能力，如 pH 等稳定性好。这一点对于养殖管理很重要。

碱（硬）度多少范围合适呢？从生产力角度说，C 元素是藻类主要的营养素，碱度与藻类光合作用效率正相关，因此碱度高低意味着藻类生产力潜力的大小。另外，不同藻类对二氧化碳的亲和力差异很大。有些藻类（如蓝藻）在非常低的碱度下光合作用效率就可以很高，而有些藻类需要比较高的碱度才能进行光合作用。因此，碱度的调节是藻类管理，提高藻类多样性，防止蓝藻暴发的重要措施。

从增强水体缓冲能力来说，据有关文献研究，水体碱（硬）度不低于 25 毫克 $CaCO_3$/升，就具有了良好的缓冲能力。

碱（硬）度是水体的自然属性，不同地区会存在差异。一般来说，依据当地自然的碱（硬）度，允许有上下浮动的变化，或根据生产养殖需要进行一定的调整，都是可以的。不要人为做大幅度的调整，这样做难度很大，也没有必要。结合我国自然水系碱度变化幅度综合分析，养殖水体碱（硬）度的适宜范围处于 50~150 毫克 $CaCO_3$/升就好。

对于超富营养化的养殖池塘，其碱（硬）度变化幅度很大，变化幅度大至 50 毫克 $CaCO_3$/升也是常见的现象。

七、硫酸根离子、氯离子、钠离子、钾离子

1. 硫酸根离子与硫在水中的循环

（1）天然水中的硫酸根离子 硫酸根离子是天然水中普遍存在的阴离子，含量一般居中。在淡水中的离子含量一般为 $HCO_3^- > SO_4^{2-} > Cl^-$，咸水中则是 $Cl^- > SO_4^{2-} > HCO_3^-$。部分流经富含石膏地层的微咸水，阴离子可能以 SO_4^{2-} 最多。

水中 SO_4^{2-} 的重要来源是沉积岩中的石膏（$CaSO_4 \cdot 2H_2O$）和无水石膏。自然硫和一些含硫矿物在生物作用下氧化后也能生成可溶性硫酸盐：

$$2FeS_2（黄铁矿）+7O_2+2H_2O \Longrightarrow 2FeSO_4+2H_2SO_4$$

$$H_2SO_4+CaCO_3 \Longrightarrow CaSO_4+H_2O+CO_2 \uparrow$$

火山喷气中的 SO_2 及一些泉水中的 H_2S 也可被氧化为 SO_4^{2-}；含硫的动、植物残体分解也影响着天然水中 SO_4^{2-} 的含量；蛋白质的氧化分解产物中含有 SO_4^{2-}。含盐量较高的水中，由于盐效应，$CaSO_4$ 的溶解度会增大。

天然水中 SO_4^{2-} 的含量取决于各类硫酸盐的溶解度，特别是受到 Ca^{2+} 含量的限制。SO_4^{2-} 的浓度较高时，将与 Ca^{2+} 生成难溶盐 $CaSO_4$。据 $CaSO_4$ 的溶度积常数（2.5×10^{-5}）可以算出，当水中 Ca^{2+} 与 SO_4^{2-} 的物质的量相等并处于溶解平衡时，SO_4^{2-} 的含量只能达到 480 毫克/升（25℃）。如果水中 Ca^{2+} 含量较低，SO_4^{2-} 的含量则可高一些。内陆河水或井水中 SO_4^{2-} 的含量一般为 10～50 毫克/升，我国淮河水含 SO_4^{2-} 为 16.3 毫克/升，乌苏里江水为 5.3 毫克/升，而钱塘江水仅 1.9 毫克/升。在某些干旱地区的地下水，SO_4^{2-} 的含量可达到每升数克到数十克。沿海地区因受海潮影响，水中 SO_4^{2-} 的含量较高。海水中 SO_4^{2-} 的含量约达 2.6 克/升，但通常海水中并无硫酸盐沉淀生成，这主要因为其与某些金属阳离子生成络合物和离子对，因此使 SO_4^{2-} 在海水中的含量有所增高。

在油田水中，由于 SO_4^{2-} 被还原，使 SO_4^{2-} 含量减少，甚至没有 SO_4^{2-} 存在。

某些工业废水如酸性矿水中有大量 SO_4^{2-}，生活污水中的 SO_4^{2-} 含量也比较高。这些都可以对天然水造成污染。

植物需要吸收 SO_4^{2-} 而获得生命活动中所必需的硫，但需要量并不大，天然水中又普遍含有 SO_4^{2-}，故一般不会出现缺乏 SO_4^{2-} 的情况。SO_4^{2-} 无毒，生活饮用水中一般规定不得超过 250 毫克/升。用 Na_2SO_4 做试验得出，SO_4^{2-} 对白鲢鱼种的安全浓度为 5600 毫克/升。

（2）硫在水中的转化　硫在水中存在的价态主要有 +6 价及 -2 价，以 SO_4^{2-}、HS^-、H_2S、含硫蛋白质等形式存在。也有以其他价态形式存在的，比如 SO_3^{2-}、$S_2O_3^{2-}$、单质硫等，但在天然水中的含量很少。在不同氧化还原条件下，硫的稳定形态不同。各种形态能互相转化，这种转化一般有微生物参与。

① 蛋白质分解作用。蛋白质中含有硫。在微生物作用下，无论有氧或无氧环境，蛋白质中的硫，首先分解为 -2 价硫（H_2S、HS^- 等），在无游离氧气的环境中 H_2S、HS^- 可稳定存在，有游离氧时 H_2S、HS^- 能迅速被氧化为高价形态。

② 氧化作用。在有氧气的环境中，硫细菌可把还原态的硫（包括硫化物、硫代硫酸盐等）氧化为元素硫或进一步氧化为 SO_4^{2-}：

$$2H_2S+O_2 \longrightarrow 2S+H_2O；H_2S+2O_2 \longrightarrow SO_4^{2-}+2H^+$$

H_2S 也可发生化学氧化作用，但在水环境中更重要的是生物氧化。

③ 还原作用。在缺氧环境中，各种硫酸盐还原菌可以把 SO_4^{2-} 作为氢受体而还原为硫化物。硫酸盐还原菌作用的条件：

a. 缺乏溶氧。调查发现，当溶氧量低于 0.16 毫克/升时，硫酸盐还原菌便开始进行作用。

b. 含有丰富的有机物。硫酸盐还原菌利用 SO_4^{2-} 氧化有机物而获得其生命活动所需能量（SO_4^{2-} 被还原为 H_2S）。在其他条件相同时，有机物增多，被还原产生的 H_2S 的量也就增多。

c. 有微生物参与。水中应没有阻碍微生物增殖的物质存在，这在天然水体中一般是满足的。

d. 硫酸根离子的含量。在其他条件满足时，硫酸根离子含量多，还原作用就活跃，产生硫化氢的量就多。

后3个条件在养殖池塘中通常都存在。鉴于H_2S对养殖动物的强烈毒性，为防止SO_4^{2-}被还原，应保持水中丰富的溶氧。养殖池塘要促进池水的上下流转，防止分层。一旦水温造成的水体上下分层不能打破，底层水常常处于缺氧状况，就会发生硫酸盐还原作用，产生大量的H_2S，造成危害。

④ 沉淀与吸附作用。Fe^{2+}可限制水中H_2S含量，降低硫化物的毒性，因为两者有下列反应：

$$Fe^{2+} + H_2S \Longrightarrow FeS\downarrow + 2H^+$$

Fe^{3+}也可以与H_2S反应：

$$2Fe^{3+} + 3H_2S \Longrightarrow 2FeS\downarrow + S\downarrow + 6H^+$$

当水质恶化，有H_2S产生时，泼洒含铁药剂可以起到解毒作用。SO_4^{2-}也可以被$CaCO_3$、黏土矿物等以$CaSO_4$形式吸附沉淀。

⑤ 同化作用。硫是合成蛋白质必需的元素，许多植物、藻类、细菌可以吸收利用SO_4^{2-}中的硫合成蛋白质。某些特殊细菌可以利用H_2S进行光合作用，将H_2S转变为S或SO_4^{2-}，同时合成有机物，类似绿色植物的光合作用，只是前者不释放O_2。

2. 氯离子

Cl^-在天然水中有广泛的分布，几乎所有的水中都存在Cl^-，但含量差别很大。海水中Cl^-含量较多，盐度为35左右的海水，其Cl^-含量约为19克/升；有的咸水湖湖水中Cl^-含量达到150克/升；一般陆地上的淡水中每升只含数毫克到数百毫克。通常，当天然水含盐量高时，Cl^-则是阴离子中含量最多的离子。潮湿多雨地区，水中Cl^-含较低，干旱和滨海地区水中Cl^-含量较高。

沉积岩中巨大的食盐矿床是水中Cl^-的主要来源。此外，Cl^-还来自火成岩的风化和火山喷发。许多工业废水中含大量氯化物，生活污水中由于人尿的排入而含 Cl^- 较高。因此，当天然水中 Cl^- 突然升高时，有可能是受到了生活污水或工业废水的污染。因此，Cl^- 含量常被用作检测水体是否受到污染的间接指标。在盐碱地、沿海滩涂上所建的鱼塘，其池水 Cl^- 含量本来就相当高，这与土壤中盐分的渗出、地下水及海水潮汐的影响有关。这时不能用 Cl^- 含量来判断水体是否受到生活污水的污染。对这类水体，在建塘养淡水鱼时，必须注意设法淡化水质。例如养鱼前池塘土质的充分浸泡，养殖过程中力求排出咸水，引入淡水，施放绿肥，以及池塘周围适当种植植物等，这些措施可以有效地降低池水的盐碱化程度。

Cl^- 无毒，渔业用水一般不做限定。对养鲤池，Cl^- 含量<4 克/升的水都可以使用。超过此值，鲤的孵化率降低，含量超过 7 克/升，则不能孵化。

Cl^- 是水体中最保守的成分，含量一般不易变化。它又是工业废水和生活污水中含量普遍比较高的成分，尤其在 Cl^- 的本底值很低的天然水体，水中 Cl^- 的含量明显增加，意味着水体可能受到污染，应该引起密切注意。

由于 Cl^- 的络合作用，水中 Cl^- 含量增加，可以大大增加一些金属盐类的溶解度。例如 HgS 在 Cl^- 含量为 350 毫克/升的水中，溶解度是纯水中的 4.7 万倍，可见其影响之大。

3. 钠离子与钾离子

各种天然水中普遍存在 Na^+。Na^+ 在天然水中最重要的特点是不同条件下的含量差别悬殊。大多数河水每升含 Na^+ 几毫克至几十毫克，但在卤水中可达 100 克/升以上。在含盐量高的水中，Na^+ 是所占比例最大的阳离子，在海水中 Na^+ 的含量为 10.5 克/升左右（当海水盐度为 35 左右时），约占全部阳离子质量的84%。

K^+ 和 Na^+ 在地壳中的丰度相近，分别为 2.60% 和 2.64%。两者具有相近的化学性质，但在天然水中 K^+ 的含量一般远比 Na^+ 低。在 Na^+ 含量低于 10 毫克/升的淡水中，K^+ 的含量只有 Na^+ 的 10%～50%，随着水含盐量的增加，K^+、Na^+ 的含量也增加，但 Na^+ 比 K^+ 含量增加快。海水中的 K^+/Na^+ 质量比为 0.036。

形成水中这种 K^+/Na^+ 质量比的原因，一方面是 K^+ 容易被土壤胶粒吸附，移动性不如 Na^+，另一方面是 K^+ 更多被植物吸收利用。

生物对于 K^+、Na^+ 的需求量有差异，动物较多需要 Na^+，植物较多需要 K^+。水中 K^+、Na^+ 含量通常不会有限制作用。水中一价金属离子含量过多，对许多淡水动物有毒，K^+ 的毒性强于 Na^+。水中含量过多的 K^+ 会进入动物体内，使动物神经活动失常，引起死亡。

当水中 Ca^{2+} 含量为 11.0～15.6 毫克/升时，用添加 KCl 的方法在室内试验得出，鲤夏花鱼种对 K^+ 24 小时的半致死浓度为 237～362 毫克/升。在 K^+ 含量高的水中，鱼种中毒症状是：体色渐渐加深，失去平衡；时而仰浮于水面，时而侧卧于水底；有时狂游，有时又显正常的平静，如此持续较长时间至最后死去。曾有人用 KNO_3、$NaNO_3$ 进行试验，结果发现，K^+、Na^+ 对白鲢的安全浓度分别为 180 毫克/升与 1000 毫克/升。增加二价金属离子的含量，尤其是 Ca^{2+} 的含量，可以降低一价金属离子的毒性。

在利用井盐水进行海水养殖时要注意水中 K^+ 的含量。有些井盐水中含钾量比较低，对养殖生物尤其是育苗不利。

在陆地水水质调查中，K^+ 与 Na^+ 的含量一般不直接测定，因为测定比较麻烦或者需要比较贵重的设备。

第九章
养殖池塘中的氧化还原
反应及其电位

养殖池塘中的氧化还原反应是很重要的，因为池塘底质及水质的好坏都与其氧化还原反应密切关联。知悉、理解并掌握池塘中的氧化还原反应及其电位，对于池塘底质及水质的科学管理具有重要的意义。

光合作用和呼吸作用都是典型的氧化还原反应。光合作用中，二氧化碳中的无机碳被还原成糖类中的有机碳，同时捕获能量；好氧呼吸中，有机物质中的碳被氧化成二氧化碳，并释放能量。

一、氧化还原反应的基本概念

氧化还原反应的实质涉及电子转移，因此氧化还原反应又称为电位反应，反应中具有元素化合价变化。氧化是失去电子的过程，还原则是得到电子的过程。还原剂在反应中被氧化要失去电子，其化合价升高；而氧化剂在反应中被还原要得到电子，其化合价降低。还原剂是电子的给予体，氧化剂是电子的接受体。

下面通过几个氧化还原反应来进一步说明。

$$Fe + 2H^+ \xequal{} Fe^{2+} + H_2(g) \tag{9-1}$$

氧化还原反应都可以分解为两个半反应，该反应分解为：

氧化反应 $\qquad\qquad Fe \xequal{} Fe^{2+} + 2e^-$

还原反应 $\qquad\quad 2H^+ + 2e^- \xequal{} H_2(g)$

在这个反应中，Fe 是电子给予体，是还原剂，在反应中被氧化要失去电子；H^+ 是电子受体，是氧化剂，在反应中被还原要得到电子。

$$H_2 + Cl_2 \xequal{} 2H^+ + 2Cl^- \tag{9-2}$$

该反应分解为：

$$H_2 \xequal{} 2H^+ + 2e^-$$

$$Cl_2 + 2e^- \xequal{} 2Cl^-$$

在这个反应中，氢被氧化而失去电子，是还原剂，化合价升高变为正；氯被还原而获得氢失去的电子，是氧化剂，化合价降低变为负。

$$2KMnO_4 + 10FeSO_4 + 8H_2SO_4 \xequal{} 5Fe_2(SO_4)_3 + K_2SO_4 + 2MnSO_4 + 8H_2O$$
$$\tag{9-3}$$

该反应比较复杂，但从电子转移来说可分解为：

$$10Fe^{2+} \xequal{} 10Fe^{3+} + 10e^-$$

$$2Mn^{7+} + 10e^- \xequal{} 2Mn^{2+}$$

在这个反应中，$FeSO_4$ 中的 Fe^{2+} 被氧化成 $Fe_2(SO_4)_3$ 中的 Fe^{3+}，$KMnO_4$ 中的 Mn^{7+} 被还原成 $MnSO_4$ 中的 Mn^{2+}。

在这个反应中，二价亚铁是电子给予体，是还原剂，在反应中被氧化要失去电子，化合价升高，二价亚铁变为三价高铁；高锰是电子受体，是氧化剂，在反应中被还原要得到电子，化合价降低，七价高锰变为二价锰。

氧化还原反应中，还原剂失去的电子被氧化剂所接受，氧化剂所获得的电子数必须等于还原剂失去的电子数。除了电子转移之外，有些氧化还原反应需要氢离子、羟离子或水才能进行。

通过电子得失和化合价的改变可以鉴定氧化还原反应。氧化也可能涉及获得氧或失去氢，而还原可能出现失去氧或获得氢。

二、氧化还原反应与电能是怎样关联的——化学原电池

将锌片置于 $CuSO_4$ 溶液中，一段时间后可以观察到：$CuSO_4$ 溶液的蓝色渐渐变浅，而锌片上会沉积出一层红棕色的铜。

这就是一个典型的氧化还原反应：

$$Zn + CuSO_4 = Cu + ZnSO_4$$

该反应分解为：

氧化反应：$\qquad Zn = Zn^{2+} + 2e^-$

还原反应：$\qquad Cu^{2+} + 2e^- = Cu$

在这个反应中，Zn 是电子给予体，是还原剂，在反应中被氧化要失去电子，化合价升高；Cu^{2+} 是电子受体，是氧化剂，在反应中被还原要得到电子，化合价降低。

该氧化还原反应跟电能是怎么关联上的？我们进行一个实验：将 Zn 片插入盛 $ZnSO_4$ 溶液的烧杯中，Cu 片插入盛 $CuSO_4$ 溶液的另一烧杯中，用导线把两金属片连接起来。两烧杯的溶液用盐桥沟通（图 9-1），可观察到，Zn 片逐渐溶解，Cu 片上有金属 Cu 析出，安培计指针发生偏转，说明导线上有电流通过。这种将化学能转化成电能的装置称为化学原电池（primary cell），简称原电池。

根据图 9-1 安培计指针的偏转方向可判断电子是从 Zn 片流向 Cu 片。在原电池中，电子输出处，称为负极，即 $Zn/ZnSO_4$ 为负极半电池；电子输入处，称为正极，即 $Cu/CuSO_4$ 为正极半电池。由正极反应和负极反应构成电池反应。

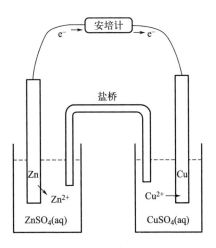

图 9-1 化学原电池结构示意

负极反应：$\qquad$ Zn $=\!=\!=$ Zn^{2+} + 2e$^-$

正极反应：$\qquad$ Cu^{2+} + 2e$^-$ $=\!=\!=$ Cu

电池反应：$\qquad$ Zn + Cu^{2+} $=\!=\!=$ Cu + Zn^{2+}

由此看出，负极反应就是氧化半反应，正极反应就是还原半反应，电池反应就是氧化还原反应。

三、氧化还原电位

由前面内容分析，每一个氧化还原半反应都存在电极电位，其电极电位可通过与已知（或标准）电极电位的半反应构成化学原电池来测定。

以典型的氧化还原反应说明：

$$I_2 + H_2 =\!=\!= 2H^+ + 2I^- \qquad (9-4)$$

该反应分解为两个半反应：

$$H_2 =\!=\!= 2H^+ + 2e^- \qquad (9-5)$$

$$I_2 + 2e^- =\!=\!= 2I^- \qquad (9-6)$$

式(9-5) 称为氢半电池，一般书写为

$$1/2H_2(g) =\!=\!= H^+ + e^-$$

一般氢半电池，规定为标准氢电极，在 H$^+$ 活度为 1 摩尔/升，一个大气压，25℃的电极电位为零，即 $E^0 = 0$。

标准电极电位 (E^0) 指的是标准氢电极（氢电池），在标准条件下（单位活度和 25℃）与任何其他的半电池（氧化还原半反应）之间建立起来的电压。

例如，式(9-6) 氧化还原半反应（I$_2$ + 2e$^-$ $=\!=\!=$ 2I$^-$）的标准电极电位的测定如下。当控制条件在 25℃，一个大气压，H$^+$ 和 I$^-$ 的活度均为 1 摩尔/升时。式(9-6) 所示碘半电池与式(9-5) 所示氢半电池按图 9-2 所示装置相连，制作成一个原电池，测得的电压就是半反应 I$_2$ + 2e$^-$ $=\!=\!=$ 2I$^-$ 的标准电极电位。

图 9-2 所示原电池由 1 摩尔/升的氢离子溶液和 1 摩尔/升的碘溶液组成。一根用铂黑包被并浸浴在一个大气压氢气中的铂电极置于 1 摩尔/升的氢离子溶液中形成氢半电池或氢电极。一根光亮的铂电极置于碘溶液中形成另一个电极。用一根导线连接两个电极，让电子在两个电极之间自由流动，用电位计测量电子流。在两种溶液之间用盐桥相连。

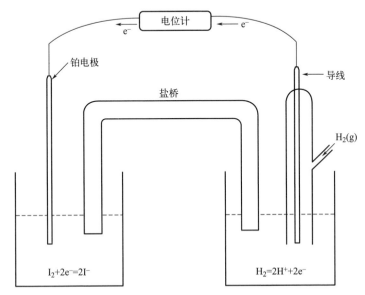

图 9-2　氢半电池与碘半电池电极电位示意（引自 Boyd，2004）

图 9-2 所示的电子流是从氢电极流向碘溶液的，并将 I_2 还原为 I^-，H_2 氧化为 H^+ 是电子的来源。该原电池的电压开始测定为 0.62 伏，这个电压就是碘半电池（$I_2 + 2e^- ===2I^-$）的标准电极电位（E^0）。

驱动氧化还原反应的两个半电池之间的电子转移并不总是如图 9-2 所示的方向，即从氢半电池流向另一个半电池。在某些情况下，标准氢电极的氧化态可能高于另一个半电池，或说另一半电池的电极电位低于标准氢电极，电子就会从另一个半电池流向氢电极，并在氢电极上出现还原反应。

因此，给 E^0 标上正负符号是很有必要的。氢电极的 E^0 为 0 伏，氧化态高于氢电极的半电池，总是接受来自氢电极的电子，此时该半电池电极电位（E^0）标上正号；氧化态低于氢电极的半电池，电子由该半电池流向氢电极，此时该半电池电极电位（E^0）标上负号。

许多半电池（氧化还原半反应）的标准电极电位（E^0）已经测定。表 9-1 列出了水化学中常见的氧化还原半反应的标准电极电位。

表 9-1 25℃时的标准电极电位（引自 Boyd, 2004）

氧化还原半反应	E^0/V
$O_3(g) + 2H^+ + 2e^- \Longrightarrow O_2(g) + H_2O$	+2.07
$Mn^{4+} + 2e^- \Longrightarrow Mn^{2+}$	+1.65
$2HClO + 2H^+ + 2e^- \Longrightarrow Cl_2(aq) + 2H_2O$	+1.60
$MnO_4^- + 8H^+ + 5e^- \Longrightarrow Mn^{2+} + 4H_2O$	+1.51
$Cl_2(aq) + 2e^- \Longrightarrow 2Cl^-$	+1.39
$Cl_2(g) + 2e^- \Longrightarrow 2Cl^-$	+1.36
$Cr_2O_7^{2-} + 14H^+ + 6e^- \Longrightarrow 2Cr^{3+} + 7H_2O$	+1.33
$O_2(aq) + 4H^+ + 4e^- \Longrightarrow 2H_2O$	+1.27
$2NO_3^- + 12H^+ + 10e^- \Longrightarrow N_2(g) + 6H_2O$	+1.24
$MnO_2(s) + 4H^+ + 2e^- \Longrightarrow Mn^{2+} + 2H_2O$	+1.23
$O_2(g) + 4H^+ + 4e^- \Longrightarrow 2H_2O$	+1.23
$Fe(OH)_3(s) + 3H^+ + e^- \Longrightarrow Fe^{2+} + 3H_2O$	+1.06
$NO_2^- + 8H^+ + 6e^- \Longrightarrow NH_4^+ + 2H_2O$	+0.89
$NO_3^- + 10H^+ + 8e^- \Longrightarrow NH_4^+ + 3H_2O$	+0.88
$NO_3^- + 2H^+ + 2e^- \Longrightarrow NO_2^- + H_2O$	+0.84
$Fe^{3+} + e^- \Longrightarrow Fe^{2+}$	+0.77
$I_2(aq) + 2e^- \Longrightarrow 2I^-$	+0.62
$MnO_4^- + 2H_2O + 3e^- \Longrightarrow MnO_2(s) + 4OH^-$	+0.59
$SO_4^{2-} + 8H^+ + 6e^- \Longrightarrow S(s) + 4H_2O$	+0.35
$SO_4^{2-} + 10H^+ + 8e^- \Longrightarrow H_2S(g) + 4H_2O$	+0.34
$N_2(g) + 8H^+ + 6e^- \Longrightarrow 2NH_4^+$	+0.28
$Hg_2Cl_2(g) + 2e^- \Longrightarrow 2Hg + 2Cl^-$	+0.27
$SO_4^{2-} + 9H^+ + 8e^- \Longrightarrow HS^- + 4H_2O$	+0.24
$S_4O_6^{2-} + 2e^- \Longrightarrow 2S_2O_3^{2-}$	+0.18
$S(s) + 2H^+ + 2e^- \Longrightarrow H_2S(g)$	+0.17

氧化还原半反应	E^0/V
$CO_2(g)+8H^++8e^- \Longrightarrow CH_4(g)+2H_2O$	$+0.17$
$H^++e^- \Longrightarrow 1/2H_2(g)$	$+0.00$
$6CO_2(g)+24H^++24e^- \Longrightarrow C_6H_{12}O_6(葡萄糖)+6H_2O$	-0.01
$SO_4^{2-}+2H^++2e^- \Longrightarrow SO_3^{2-}+H_2O$	-0.04
$Fe^{2+}+2e^- \Longrightarrow Fe(s)$	-0.44

四、不同氧化还原水环境中有机物分解产物不一样

1. 不同氧化还原水环境中元素的存在形态

为了便于理解，一般根据养殖水环境中有无一定量溶氧存在，划分为氧化水环境和还原水环境。在含氧量丰富的氧化水环境与缺氧的还原水环境中，常见元素的主要存在形态列于表 9-2。

表 9-2　不同氧化还原水环境中常见元素的主要存在形态（引自雷衍之，2004）

常见元素	氧化水环境	还原水环境
C	CO_2、HCO_3^-、CO_3^{2-}	CH_4、CO
N	NO_3^-、NO_2^-、N_2、NH_3	NH_3、N_2
S	SO_4^{2-}	H_2S、HS^-、S^{2-}
Fe	Fe^{3+}	Fe^{2+}
Mn	Mn^{4+}	Mn^{2+}
Cu	Cu^{2+}	Cu^+

由表 9-2 可知，这些常见元素在不同的环境中，存在的形态不同。如氮元素，在溶氧丰富的水中，NO_3^- 是主要的存在形态，含量最高；而在缺氧的还原环境中，则 NH_4^+（NH_3）的含量往往很高，NO_3^- 含量很低，有时甚至无法检出。另外氧化环境和还原环境均存在 N_2，但其来源不一

样，氧化水环境中的 N_2 多是空气中氮气溶入水中的，而还原水环境的 N_2 则是厌氧细菌脱氮产生的。

2. 不同氧化还原水环境中有机物分解产物

在不同的氧化还原水环境中，有机物氧化时接受电子的物质也不同，即氧化分解有机物的氧化剂发生相应的变化，因而所生成的产物也不一样。

一般有机物氧化分解用下列两个氧化还原半反应来表示：

氧化半反应：

$$CH_2O(有机物) + H_2O \longrightarrow CO_2\uparrow + 4H^+ + 4e^- \tag{9-7}$$

还原半反应： $$O_2 + 4H^+ + 4e^- \longrightarrow 2H_2O \tag{9-8}$$

如式(9-8)，当水中溶氧丰富时，溶解氧作为氧化剂，那么电子受体和氢受体就是氧。

随着池塘水体大量有机物质的不断积累，底层耗氧因子的增加，其氧化还原电位逐步下降，导致水中溶氧缺乏。缺氧条件下，氧化分解有机物的氧化剂，不得已转为无机氧化物，进入厌氧分解（呼吸）。

当溶氧耗尽，首先代替溶氧作为氧化剂的是 NO_3^-。以 NO_3^- 作电子受体和氢受体：

$$NO_3^- + 2H^+ + 2e^- \longrightarrow NO_2^- + H_2O$$

$$NO_3^- + 10H^+ + 8e^- \longrightarrow NH_4^+ + 3H_2O$$

$$NO_3^- + 12H^+ + 10e^- \longrightarrow N_2\uparrow + 6H_2O$$

上述反应式中分别由厌氧反硝化细菌、脱氮细菌作为主体，硝酸被还原成亚硝酸、氨氮和氮气，氮气可以从水中逸出，而亚硝酸、氨氮留在底层水体。

当氧化还原电位持续下降，NO_3^- 也被消耗尽时，铁和锰的氧化物作为氧化剂，成为电子受体和氢受体：

$$Fe_2O_3 + 3H^+ + 2e^- + 4HCO_3^- \longrightarrow 2Fe(HCO_3)_2 + 3OH^-$$

同样，MnO_2 也可以作为电子受体和氢受体：

$$MnO_2 + 2H^+ + 2e^- + 2CO_2 \longrightarrow Mn^{2+} + 2HCO_3^-$$

当氧化还原电位进一步下降，SO_4^{2-} 和 CO_2 将作为氧化剂，成为电子受体和氢受体：

$$SO_4^{2-} + 10H^+ + 8e^- \longrightarrow H_2S + 2H_2O$$

H_2S 虽然是气体，但高度可溶，一旦进入这个阶段，池塘水体就处于高度风险之中。

二氧化碳作为电子受体和氢受体，甲烷产生：

$$CO_2 + 8H^+ + 8e^- \longrightarrow CH_4 + 2H_2O$$

五、氧化还原电位知识在养殖生产中的应用

养殖季节，由于水温分层，池塘上层水体处于溶氧丰富的氧化环境，底部经常处于缺氧的还原环境。而有机物在氧化环境和还原环境中分解产物不一样。

下面从氧化还原电位知识分析，养殖池塘中经常出现的有害物质如氨氮、亚硝酸盐、硫化氢、氮气、甲烷等是怎样产生的，以及为什么会产生这些有害物质。

一是养殖池塘水体水温分层，其底部常常处于缺氧的还原环境之中，氧化有机物的氧化剂——溶氧耗尽的条件下，不得已转为 NO_3^-、SO_4^{2-}、CO_2 等无机氧化物作为氧化剂。这些无机氧化物还原的产物就是氨氮、亚硝酸盐、硫化氢、甲烷等；二是溶氧丰富的氧化环境中 NO_3^- 是 N 元素主要的存在形态，而在缺氧还原环境中大量 NO_3^- 被厌氧的反硝化细菌和脱氮细菌还原为亚硝酸、氨氮和氮气。

所以，减少或消除这些有害产物，最有效、最科学、最根本的措施，就是改变养殖池塘底层的还原环境，改善底层缺氧的状况。

养殖池塘为什么会出现"泛池"大量死鱼的情况？我们还从氧化还原电位知识来解释。根据表 10-1 标准电极电位得知：

$$O_2(aq) + 4H^+ + 4e^- == 2H_2O \quad E^0 = +1.27$$

$$Fe^{3+} + e^- == Fe^{2+} \quad E^0 = +0.77$$

$$SO_4^{2-} + 10H^+ + 8e^- == H_2S(g) + 4H_2O \quad E^0 = +0.34$$

池塘底部长时间处于缺氧状况，溶氧耗尽，NO_3^- 也被消耗尽时，铁和锰的氧化物用作氧化剂。Fe_2O_3 中 Fe^{3+} 被还原成 $Fe(HCO_3)_2$ 中二价铁；MnO_2 被还原为 Mn^{2+}。

当养殖池塘底部出现 $Fe(HCO_3)_2$、Mn^{2+} 化合物等这些化学耗氧还原物质时，说明池塘底部缺氧状况非常严重。此时底部溶氧不仅仅是零，而是负值，即是一种负的溶解氧浓度。

因为溶氧的氧化还原电位高于 Fe^{2+}，$Fe(HCO_3)_2$ 一旦遇到氧，迅速耗氧反应。所以，$Fe(HCO_3)_2$ 是一种极不稳定的化学耗氧因子。

$$4Fe(HCO_3)_2 + O_2 + 2H_2O \longrightarrow 4Fe(OH)_3 \downarrow + 8CO_2 \uparrow$$

同样，滞留于底层的 Mn^{2+} 遇到氧气会与 HCO_3^- 发生双水解反应，大量耗氧

$$2Mn^{2+} + O_2 + 4HCO_3^- + 2H_2O \longrightarrow 2Mn(OH)_4 \downarrow + 4CO_2 \uparrow$$

氧化还原电位进一步下降，SO_4^{2-} 作为氧化剂。

$$SO_4^{2-} + 10H^+ + 8e^- \longrightarrow H_2S + 2H_2O$$

溶氧的氧化还原电位高于 H_2S，所以一旦 H_2S 遇到氧，会迅速被氧化成硫酸。

高产养殖池塘底层，随着有机沉积物日积月累越来越多，$Fe(HCO_3)_2$、Mn^{2+} 化合物以及 H_2S 等这些耗氧的还原物质越积越多。又由于水温分层，难以进行上下底层交流，富氧层过饱和的氧气大量逸出到空气中，而底层得不到氧气的补充，所以底层氧气负债区的"负值"越来越大。长期如此，一旦遇到暴雨降温天气致使上表水层水温大幅降低，底层水翻到上层，上下底层被动交流，"泛池"现象就会发生。如果底层还原物质的耗氧量大于养殖水体的溶氧量，整个水体溶氧瞬间将被耗尽，养殖鱼类将会大量死亡甚至全军覆没。

第十章
藻类生长与营养盐的关系

藻类通过光合作用，吸收水体中 C、N、P 等无机营养元素，利用太阳光能，合成藻体有机物，从而使自身得到大量增殖。该过程形成池塘初级生产力，同时产生氧气。

C、N 和 P 是藻类吸收利用的三种主要营养元素，通常快速增殖生长的藻类对 C、N 和 P 的吸收利用按 106：16：1 的比例进行。一般藻体分子式可用 $(CH_2O)_{106}(NH_3)_{16}H_3PO_4$ 来表示，光合作用各元素的计量关系可用下式来表示：

$$106CO_2 + 16NO_3^- + HPO_4^{2-} + 18H^+ + 122H_2O =$$
$$(CH_2O)_{106}(NH_3)_{16}H_3PO_4 + 138O_2$$

由此式可计算出藻类光合作用对 C、N、P 的需求及产生 O_2 的比例：

$$C：N：P：O_2 = 106：16：1：138（物质的量比）$$

除了上述三种营养元素外，藻类生长还需要十多种营养元素，如 K、Ca、Mg、Si、S、Fe、Mn、Cu、Zn、B、Mo、Cl 等，这些元素都是直接参与藻类生长的营养，其功能不能被别的元素替代，也是藻类生命活动不可缺少的元素，称为必需元素。其中如 Fe、Mn、Cu、Zn、B、Mo、Cl 等，藻类需要量很少，则称为微量必需元素。当环境中由于缺乏这些元素影响藻类生长或不能完成其生命新陈代谢活动时，该元素就成为其营养限制因子，补充适量的这种元素非常必要。但当供应量超过需要量时，该种元素有可能对藻类产生毒害作用。

一、藻类对营养盐的吸收

许多学者研究藻类对营养盐的吸收速率与水体中营养盐浓度的关系时，得到的吸收速率与浓度关系符合一般酶促反应动力学方程——Michaelis-Menten 方程（以下简称米氏方程）：

$$V=\frac{V_{max}[S]}{K_m+[S]}$$

式中　V——酶促反应速率，即底物消失速率或产物生成速率；

$[S]$——底物（营养盐）的浓度；

V_{max}——最大反应速率，即 $[S]$ 足够大时的饱和速率；

K_m——米氏常数，若 $[S]=K_m$ 时，$V=1/2V_{max}$。

因此，米氏常数又称为半饱和常数。

米氏方程中各变量与常数间的关系如图 10-1 所示。从图中可以看出，酶促反应速率随着 $[S]$ 的增大而增大，在 $[S]$ 较低时尤为明显，但当 $[S]$ 足够大时，反应速率趋于一极限值 V_{max}。

对于藻类从水中吸收营养盐的生物化学反应，$[S]$ 为水中营养盐的有效浓度，V 为吸收速率。值得注意的是半饱和常数 K_m 值，它反映酶对底物的亲和力，K_m 值小，表明酶对底物的亲和力强，即当较低的 $[S]$ 时，V 就可以达到较高值；K_m 值大，表明酶与底物结合不稳定，要达到较高吸收速率所需的 $[S]$ 较高。

K_m 可用于比较不同藻类吸收营养盐能力的大小。在光照、水温及其他条件适宜而营养盐含量较低时，K_m 值越小的藻类越容易发展成为优势种群，K_m 值大的藻类则会因缺乏营养盐，生长受到限制。

一般认为，为了得到藻类的正常增值速率，水体的限制性营养元素浓度 $[S]$ 应维持在 $3K_m$（此时吸收速率 $V=0.75V_{max}$）以上。显然，若 $[S]$ 不足，藻类的生长、繁殖将直接受到限制。不过，在水温、光照适

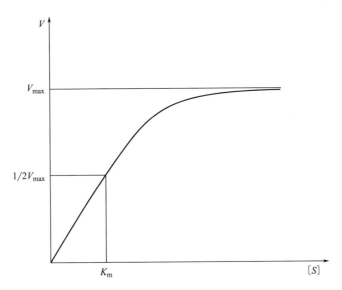

图 10-1　酶促反应速率与浓度的关系（引自雷衍之，　2004）

宜的自然条件下，影响藻类初级产量和生产速率的限制因素不仅包括测得的平均有效浓度 $[S]$，而且与紧靠藻类细胞表面水体中营养盐的有效浓度、营养盐的总储量以及向藻类细胞表面迁移补给有效营养盐的速率有关。

二、藻类对碳元素的吸收

1. 藻类能直接吸收利用的有效碳元素

碳元素是藻类机体主要的构成元素。藻类能直接吸收利用的有效碳，水体中有两种形式——CO_2 和 HCO_3^-，CO_2 对一切藻类都是可以直接吸收利用的有效形式，HCO_3^- 只能作为 CO_2 储存器，被藻类间接吸收利用，而一部分蓝藻具有碳酸酐酶，可以直接利用 HCO_3^- 中的碳元素。

所以，藻类光合作用一般常用下面反应式表示：

$$CO_2 + H_2O \longrightarrow CH_2O（碳水化合物）+ O_2$$

2. 藻类对 CO_2 的吸收速率与其浓度的关系符合米氏方程

藻类对 CO_2 的吸收速率与水体中 CO_2 浓度的关系，符合酶促反应动力学方程——米氏方程。即光合作用速率（V）与底物二氧化碳浓度 $[CO_2]$ 的关系可以用米氏方程来表达：

$$V = \frac{V_{max}[CO_2]}{K_m + [CO_2]}$$

式中，V_{max} 为最大光合作用速率；K_m 为米氏常数，在这里为藻类的二氧化碳的半饱和常数，即当二氧化碳的浓度达到 K_m 时，$V = V_{max}K_m/(K_m + K_m) = 50\% V_{max}$，即此时光合作用速率为最大光合作用速率的一半。

3. 藻类光合作用速率与总碱度（A_T）之间的关系

HCO_3^- 和 CO_3^{2-} 是水体总碱度主要的组成部分，而 CO_2 在 CO_2—HCO_3^-—CO_3^{2-} 缓冲体系中可以相互转化，所以 CO_2 浓度与总碱度 A_T 呈密切正相关系。一般生产实践中，总碱度 A_T 是经常测量的水质参数，所以，藻类光合作用速率与 CO_2 浓度的关系可以用光合作用速率与总碱度 A_T 的关系来分析。

图 10-2 清楚地表明，当总碱度高到一定程度之后，通过提高总碱度来提高光合作用速率的意义已经不太大了。图中，总碱度超过 100 毫克 $CaCO_3$/升后再提高碱度对光合作用速率的提高作用已经很小了。

4. 不同藻类光合作用速率与总碱度（A_T）之间的关系

不同藻类的 K_m 不同，即不同藻类对 CO_2 的亲和力不同：

图 10-3 表明，有些藻类，在非常低的总碱度下光合作用速率也可以很高（如曲线 a）。而有些藻类需要比较高的总碱度才能有效进行光合作用（如曲线 j）。

从图 10-3 还可以看出，要使池塘藻类具有多样性，水体的总碱度必须达到一定的水平。总碱度越低，光合作用速率超过 50% 的藻类越少；

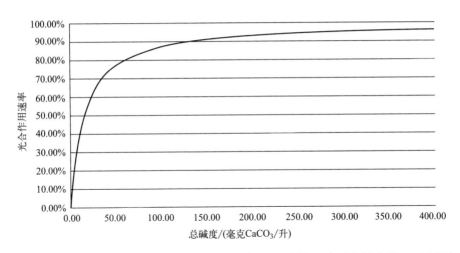

图 10-2 藻类光合作用速率与总碱度（A_T）之间的关系（引自林文辉，2017）

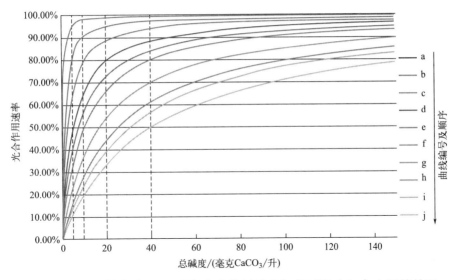

图 10-3 不同藻类（K_m 不同）光合作用速率与总碱度（A_T）之间的关系

（引自林文辉，2017）

另外，提高总碱度，不同藻类的光合作用速率提高的幅度不同。

蓝藻的 K_m 非常小（图 10-3 中 a 曲线），即 CO_2 的亲和力非常高，所以，总碱度低或局部缺乏 CO_2，是蓝藻暴发的主要原因。提高总碱度，对蓝藻的光合作用速率提高作用不大，但可以大幅度提高其他藻类的光合作用速率。因此，林文辉认为提高总碱度是提高藻类多样性、防止蓝藻暴发的重要措施之一。

三、藻类对氮元素的吸收

1. 藻类能直接吸收利用的有效氮元素

氮元素也是藻类机体主要的构成元素。水体中如 NH_3 或 NH_4^+、NO_3^-、NO_2^- 中的氮元素都是藻类可以直接吸收利用的有效氮的形态。藻类通过吸收利用水体中 $NH_4^+(NH_3)$、NO_3^-、NO_2^- 等合成自身的物质，这一过程称为同化作用。

实验表明，当 $NH_4^+(NH_3)$、NO_3^-、NO_2^- 共存时，其含量又处于同样有效量的范围内，绝大多数藻类总是优先吸收利用 $NH_4^+(NH_3)$，仅在 $NH_4^+(NH_3)$ 几乎耗尽以后，才开始利用 NO_3^-、NO_2^-，水体 pH 较低时处于指数生长期的藻类细胞，此特点尤为显著。

实验证明，在不同生物体内，糖类、蛋白质和脂肪的比例可以有相当大的差别，但就平均状况而言，生物有机体都具有相对固定的元素组成。构成藻类原生质的 C、N、P 3 种元素的平均组成，按其原子个数之比为 $C:N:P=106:16:1$。一般认为，藻类对营养元素的吸收也是按照这样的比例进行的。

一方面，在适宜的浓度范围内，增加氮含量，可提高藻类的生物量，提高天然饵料基础，促进养殖生产。藻类对 $NH_4^+(NH_3)$ 的吸收速率 V 与 $NH_4^+(NH_3)$ 浓度的关系符合米氏方程；另一方面，当水体中氨氮、亚硝酸盐含量过高时，易造成水质恶化，对养殖动物产生有害的作用。

2. 养殖水体氮元素的各种形态及其转化

养殖水体氮元素的来源，主要来自饲料的投喂。饲料中的蛋白质除了一部分转化为养殖动物肌体蛋白外，剩余的都成为池塘水体的废弃物，最终都会转化为氨氮等无机氮元素。

养殖水体的氮元素在生物及非生物因素的共同作用下不断地迁移、转化，构成一个复杂的动态循环。养殖动物的排泄，微生物的氨化作用、硝化作用和脱氮作用在各种形态氮的相互转化过程中起着极其重要的作用。

（1）养殖动物及其他水生动物的排泄　养殖动物及其他水生动物的排泄物中氮，多数为氨氮形式，所以排泄物是水体氨氮的主要来源之一。

（2）残饵和粪便等的氨化作用　残饵粪便等这些含氮有机物，在微生物作用下最终降解释放氨态氮，这一过程称为氨化作用。氨化作用在有氧和无氧条件下都可进行，但最终的产物有所不同：

$$含氮有机物 \xrightarrow{需氧微生物} NH_4^+ + CO_2 + SO_4^{2-} + H_2O$$

$$含氮有机物 \xrightarrow{厌氧微生物} NH_4^+ + CO_2 + 胺类、有机酸类$$

该过程是由一系列微生物种群分工协作完成的。氨化的速度受 pH 影响，以中性、弱碱性环境的效率较高。经过氨化作用，将鱼虾残饵粪便这些含氮有机物中的氨氮释放到水中，是氨氮的主要来源之一。沉积于池底的含氮有机物在适当的条件下，同样会被厌氧微生物分解矿化，转变为 NH_4^+（NH_3）等无机氮，积存于底层中，可以通过扩散回到水体，搅动底泥可加速释放过程。

（3）硝化作用　是指在溶氧适宜条件下，氨态氮向亚硝酸态氮、硝酸态氮的转化过程。硝化分两个阶段进行，第一阶段主要由亚硝化单胞菌属引起，第二阶段主要由硝化杆菌属引起。这些细菌分别从氧化氨至亚硝酸盐和氧化亚硝酸盐至硝酸盐过程中取得能量，均是以二氧化碳为碳源进行生活的化能自养型细菌，但在自然条件中需在有机物存在的条件下才能活动。

（4）脱氮作用与硝酸还原　在缺氧条件下，厌氧微生物可以利用硝酸或其他氮的氧化物代替氧作为呼吸中的最终电子受体。当硝酸被还原为亚硝酸、次亚硝酸、羟胺或氨时，这种异养过程称为硝酸还原或硝酸呼吸。硝酸进一步被还原，形成一氧化二氮（N_2O）或氮气（N_2）的过程，称为脱氮作用。如图 10-4 所示。

参与上述过程的微生物称为反硝化菌或脱氮菌。研究表明，有普通细

$$2HNO_3+4H^+ \longrightarrow 2HNO_2+2H_2O \qquad (10\text{-}1)$$

$$2HNO_2+4H^+ \longrightarrow N_2O_2H_2+2H_2O \qquad (10\text{-}2)$$

$$N_2O_2H_2+4H^+ \longrightarrow 2NH_2OH$$

$$2NH_2OH+4H^+ \longrightarrow 2NH_3+2H_2O \qquad \Big\}\ (10\text{-}3a)$$

$$N_2O_2H_2+2H^+ \longrightarrow N_2+2H_2O \qquad (10\text{-}3b)$$

$$N_2O_2H_2 \longrightarrow N_2O+H_2O$$

$$N_2O+2H^+ \longrightarrow N_2+H_2O \qquad \Big\}\ (10\text{-}3c)$$

图 10-4　硝酸呼吸或脱氮作用途径（引自 Boyd， 2003）

菌存在的地方，一般都有脱氮菌存在。在水体中，脱氮菌约占细菌总数的 5%，池底淤泥中，脱氮菌多时可达 30% 左右。

反硝化菌参与硝酸呼吸，硝酸被还原为亚硝酸（HNO_2），亚硝酸进一步被还原为次亚硝酸（$N_2O_2H_2$）。脱氮菌参与次亚硝酸的脱氮，一般有 a、b、c 三种途径［式（10-3a）～式（10-3c）］。a 中产物为羟胺、氨等，b、c 还原产物为一氧化二氮（N_2O）和氮气（N_2）等。三种途径中，b、c 为主要途径，a 为次要途径。

3. 养殖水体会出现氮限制吗？

养殖池塘不断地投喂饲料，养殖水体氨氮含量丰富，所以一般养殖池塘氨氮不会成为限制因子。但某些情况下，如晴朗天气的下午，上表水层藻类光合作用强烈，增殖旺盛，消耗大量的营养元素。由于水体水温分层，上下水体不能交流，中下层营养物质难以补充到上表层，此时就会出现局部的（上表水层）氮限制。

四、藻类对磷元素的吸收

磷是所有生物体所必需的营养元素，因为生物各种基本的功能过程都需要用到它，如遗传信息的存储和转运（DNA 和 RNA）、细胞的代谢

（各种酶）和细胞的能量系统（ATP）。

同样磷也是一切藻类生长所必需的营养元素，需要量比碳、氮少，但天然水中缺磷现象更为普遍，因为自然界存在的含磷化合物溶解性和迁移能力比碳、氮化合物低得多，补给量及补给速率也比较小，因此磷对水体初级生产力的限制作用往往比碳、氮更强。

藻类能直接吸收利用的有效磷，就是磷酸根（PO_4^{3-}）形式，磷酸盐在水中的存在形态除了 PO_4^{3-} 外，还有 HPO_4^{2-}、$H_2PO_4^{-}$，各部分的相对比例（分布系数）随 pH 的不同而异。在 pH 为 6.5～8.5 的天然湖泊中以 HPO_4^{2-} 和 $H_2PO_4^{-}$ 为主。

水体中大多数的磷（80％以上）都以有机磷的形式存在，而在无机磷中，对于藻类吸收利用来说，磷酸根是唯一的形态。而磷酸根常与钙、铁、铝等形成难溶的化合物沉淀在沉积物中，或被沉积物表面所吸附，水体中大多数磷酸根处在底部沉积物即底泥中。夏秋季节水体出现水温分层时，上表水层由于藻类吸收消耗，有效磷常可降低至检测不到的程度，成为藻类生长的限制因子；而底层水则因沉积物补给、有机物矿化积累较高的磷酸盐。因此打破水体上下分层，促进底泥沉积物再悬浮释放有效磷，是解除藻类生长中磷限制因子的根本有效的措施。

另外，pH 也是影响沉积物与水体之间磷交换的因素之一。当 pH 低于 8 时，磷酸根与金属元素结合能力较强，而当 pH 较高时，氢氧根离子与磷酸根发生交换，磷被释放到水中。

五、藻类对硅、铁等微量营养元素的吸收

硅是许多藻类所必需的营养元素，尤其是对硅藻等，硅是构成其机体不可缺少的组分，如硅分别被硅藻和金藻大量用于构建细胞壁和硅质鳞片。一般溶解性硅酸盐大都能被藻类所吸收利用。在硅藻水华期间，硅会被消耗尽，进而导致硅藻丰度的快速下降（倒藻）。

铁属于生物体不可缺少的微量营养元素，是叶绿素、血红素中的组成部分，也是某些酶的重要成分，在生物氧化还原过程中起着重要作用。

铜与锌都是植物生长必不可少的微量营养元素，均在某些酶中起着决定性作用。铜在叶绿素合成中起主要作用，锌则参与了植物体中生长素的合成。植物缺铜时会出现叶绿素缺乏，蛋白质合成与利用发生障碍。缺锌则植物生长受阻。过量的铜对生物体是有害的，它对生物酶的催化活性起抑制作用，从而抑制藻类的光合作用和代谢作用，影响藻类的正常生长繁殖，严重时会造成藻类死亡（图10-5）。如池塘泼洒硫酸铜，可起到很好的杀灭藻类作用。

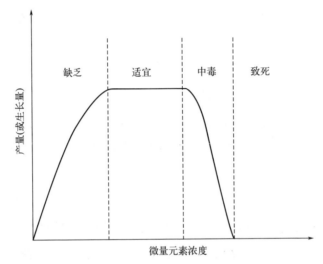

图 10-5　微量元素（如 Cu、 Zn）的缺乏与过量对藻类的影响

（引自雷衍之， 2004）

钾和钠是参与细胞膜过程的重要成分，而钙主要用来合成生物体的外壳及骨骼。

藻类对这些必需的微量营养元素需求量很小，一般微量元素很少会成为藻类生长的限制因子。而在养殖池塘生物量大，能量流动与物质循环快，藻类的周转速度快。藻类吸收这些微量元素，自身不断增殖，这些藻类一部分被滤食，顺着食物链最终成为滤食鱼类的肌体，更大一部分藻类老化死亡而沉积在池塘底部。

沉积在底泥的死藻被微生物矿化释放出微量元素，这些微量元素只有非常小的一部分能扩散到池塘水体中供应藻类再次利用，大部分滞留在淤泥中。因此，随着光合作用的进行，水体中微量营养元素要么顺着食物链转移到滤食鱼类机体内，要么絮凝沉淀到淤泥中，这样水体中微量元素将会变得越来越少。

晴朗天气的下午，光合作用强烈，上表水层藻类增殖旺盛，需要消耗大量的微量元素。由于水体的水温分层，上下水体不能交流，底泥中的微量元素难以补充到上层，此时就会出现局部的（上表水层）微量元素限制。

第十一章
藻类生态与蓝藻暴发的机理

一、蓝藻水华

藻类水华是指某种藻类比其他藻类在适应所在水体环境及其吸收营养元素方面具有明显竞争优势，致使该藻类短期内大量增殖泛滥，继而老化、死亡，并大量上浮积累于水面的一种自然生态现象。藻类水华的出现表明藻类生态系统自净能力降低或丧失，池塘生态系统恶化、失衡甚至崩溃。

蓝藻是自然界分布最广的藻类，也是最原始、最古老的藻类。其结构简单，无典型的细胞核，又称蓝细菌。蓝藻喜欢较高水温、强光、较高 pH 的静水水体。

蓝藻本身没有什么危害，就怕池塘水体生态系统紊乱，造成蓝藻疯长，并抑制其他藻类生存生长，使蓝藻"一藻独大"。蓝藻疯长的后果就是蓝藻整体老化，大量死亡，并上浮积累于水面即形成水华。蓝藻形成水华时，池塘生态系统中藻类所具有的生态功能大大降低或丧失，致使池塘生态系统瘫痪。

二、藻类生态

藻类之间基本不共生。一种藻类的生存与生长，大多数不依赖其他藻类的存在。因此，对于一个刚清塘消毒、新注水的池塘，从一开始，各种藻类都可以生长。只是因对池塘 pH、池塘营养及微量元素组成、光照强度和温度等因素要求的差异，不同的藻类生长优势不同。早期，池塘中藻类生物具有多样性，比较丰富。其中的优势藻类往往数量多一些，其他生长缓慢的藻类也能正常增殖生长，不过数量少些。

任何生物的生长过程，包括藻类在内，都在破坏自身的环境条件——消耗生存生长的资源并积累对自身不利的代谢废物。如果生存生长资源不能及时补充，代谢废物不能及时清除，这种藻类的优势就会丧失，而另一种更适应这种条件的藻类就会取而代之，这个过程就称为"生态演替"。

不同藻类的营养需求和对环境要求有所不同，故对水体中的营养盐及微量元素组成的要求也不同。因此，开始培藻时，池塘水体中的矿物元素组成最接近哪一种藻类的需求，这种藻类就会长得快一些。随着时间的推移，这种藻类的生长必然导致水体中原有矿物元素组成发生变化，此时的水体不再是该种藻类的优势环境，这种藻类的生长速度就会下降。

但大多数藻类对主要营养元素 C、N、P 等的需求基本一致，所以藻类之间的竞争主要体现在对水中营养元素的竞争优势方面。在吸收利用水中营养元素上具有竞争优势的藻类，更容易成为优势种群。

三、藻类生长与被牧食消费的关系

藻类是池塘生态系统能量流动和物质循环最初始也是最重要的一

个环节。池塘中藻类的种群结构遵从"物竞天择，适者生存"的原则。主导藻类的品种由水质属性、水体中营养盐、温度和光照辐射等因素所决定。同时也受食物链下游捕食生物的种类和摄食压力所影响。营养条件、气候条件或下游捕食生物等因素变化时，就会出现种群演替。

藻类通过光合作用，将太阳辐射及吸收水中营养盐转化为生物质能输入池塘，以驱动池塘生态系统运行，是藻类的主要功能。藻类下游食物网链有原生动物、浮游动物等，以及滤食性鱼类。这些牧食藻类的链节中，原生动物、浮游动物也是水中自然而生的生物，而滤食性鱼类是人为放养的，目的就是调节藻类生长与被牧食消费的平衡。

如果牧食生物对藻类的"捕食"压力太大，则藻类越来越少；如果"捕食"压力太小，则藻类容易多得泛滥继而老化。据国外的相关研究，藻类的平均寿命维持在三天左右比较理想。要保持养殖水体的活、嫩、爽，就要保证藻类的合理周转率，即维持藻类生长与牧食消费之间的平衡。

维持藻类生长与被牧食消费之间的平衡，是藻类管理的一个重要方面。一方面保持池塘水体自然食物网链各个环节的稳定和连续性，这里主要指的天然生产力，如藻类及以藻类为食物的原生动物和浮游动物等这些链节的稳定和连续。另一方面，依据不同时期阶段天然生产力生物量的多寡情况，搭配放养一些滤食鱼类，通过这些滤食鱼类的摄食来调节藻类与原生动物、浮游动物的生物量。

搭配放养的滤食鱼类主要是鲢鳙类，用来调节藻类与原生动物、浮游动物等生物量。但在这一管理环节，目前远远没有做到科学合理。养殖年度前期，藻类生产力往往比较旺盛，而牧食藻类的原生动物、浮游动物增长有一定的滞后性，此时需要足够生物量的滤食鱼类来牧食藻类，避免藻类过多泛滥。而实际生产中，养殖前期搭配的滤食鱼类往往是苗种级别的，放养尾数从始而终一成不变，这就造成养殖早期牧食藻类量太小，藻类过多泛滥。

四、蓝藻水华暴发机理的新学说

1. 蓝藻水华具有的三个特征

蓝藻常常被认为是"有害藻类"，主要由于一般水体容易形成蓝藻水华。

蓝藻水华具有三个特征：一是蓝藻疯长，并抑制其他藻类生存生长，使蓝藻"一藻独大"；二是疯长的蓝藻整体老化并大量死亡；三是水体生态系统中藻类所具有的生态功能大大降低或丧失。具有上述三个特征才可认为是蓝藻水华暴发。蓝藻水华严重时大量老化死亡的蓝藻上浮在光照强烈的水体上表层，形成斑状浮渣，浮渣分解时散发着腥臭味，同时大量消耗水中溶氧。此时藻类在水体的生态功能——自净能力和产生氧气等，大大降低或丧失。

所以蓝藻水华暴发的机理必须从两方面来分析，一是蓝藻为什么会疯长并抑制其他藻类生存生长？二是疯长的蓝藻为什么会整体老化并大量死亡？

2. 蓝藻的竞争优势

蓝藻为什么会疯长并抑制其他藻类生存生长？蓝藻在藻类种间具有怎样的竞争优势？

（1）蓝藻拥有碳酸酐酶 碳酸酐酶是一种催化 HCO_3^- 分解为 CO_2 和 H_2O 的酶：

$$HCO_3^- \longrightarrow CO_2 + H_2O$$

在水产养殖适宜 pH 范围内（pH＝7.5～8.5），水体中溶解的无机碳（DIC：$CO_2 + HCO_3^- + CO_3^{2-}$）的主要形态是 HCO_3^-。

碳酸酐酶赋予蓝藻极高的二氧化碳亲和力，只要水体中有微量的溶解无机碳，蓝藻都能以接近100％的最高速率进行光合作用。

（2）蓝藻具有完善的光氧化保护系统 当水体中无机碳不足时，藻类细胞中会产生具有很强细胞毒性的过氧化氢。如果没有完善的保护系统，藻类就会因过氧化氢中毒而死亡。而蓝藻已经进化出完善的光氧化保护系统，因而蓝藻具有强大的抗逆境生存能力。

（3）蓝藻具固氮酶系　一般藻类可以直接吸收利用的有效氮，在养殖水体中有 NH_3 或 NH_4^+、NO_3^-、NO_2^- 几种形态。当这些有效氮缺乏时，蓝藻可以直接吸收利用融入水中的氮气，人们把这部分蓝藻称为固氮蓝藻，固氮主要在蓝藻异形胞内进行。所以说氮成为藻类生长的限制因子时，其他藻类的生长受到限制，而蓝藻将迅速成为优势藻类。

虽然正常池塘环境下有效氮源并不缺乏，但在晴朗天气条件下，由于水温分层导致上下水层难以交流，上表水层藻类增殖旺盛，消耗大量氮源，中下层氮源难以补充到光照层，此时就会出现局部有效氮元素缺乏的现象。

（4）蓝藻具伪空泡　又称假空泡。伪空泡可调节藻类在水体中浮力，在上午太阳出来之后，蓝藻可借助伪空泡的浮力作用快速上浮到上表水层即最佳光合作用光照强度的位置，有利于争夺光源。

在夏秋高温季节，光照较强时，藻类增殖旺盛，消耗着大量的营养元素，致使上表水层的光照层，呈现高水温、高 pH 的同时，出现局部营养元素缺乏的现象。致使其他藻类在营养元素成为限制因子时，无法与蓝藻竞争，难以生长，使蓝藻"一藻独大"占据绝对优势，这就是蓝藻水华的前期。这里还需要强调的是水温造成的水体上下分层现象，致使上下水层难以交流，中下水层（包括底泥）营养元素难以补充到上表层。

3. 蓝藻的整体老化

蓝藻的"疯长"致使水体上表光照层营养元素进一步大量消耗，营养元素很快又成为蓝藻自身的限制因子时，导致大量的蓝藻整体老化，进一步就是大量死亡，这就是蓝藻水华的暴发。该过程中，磷或一些微量元素常常首先成为蓝藻营养限制因子，其次是碳元素、氮元素。同样这里不能忽略的是水温分层致使上下水层难以交流，中下水层及底泥中的营养元素难以补充到上表层。

所以晴朗天气的中午，充分促进上下水层交流及促使底泥再悬浮释放营养，就成为避免蓝藻水华暴发的有效管理措施。

第十二章
池塘微生物

一、池塘微生物的种类

1. 根据微生物所利用的能量与碳源来源分类

（1）化能异养菌　氧化还原物质获得能量，将有机碳同化为细菌物质，如枯草芽孢杆菌。该类型包括微生物的种类最多，已知绝大多数的细菌均属于此类型。

（2）光能异养菌　通过光合作用俘获太阳辐射能为能量，将有机碳同化为细菌物质，如紫色非硫细菌。这类微生物很少。

（3）化能自养菌　氧化还原物质获得能量，将无机碳（二氧化碳为主）同化为细菌物质，如氢细菌、铁细菌、硝化细菌、硫化细菌。化能自养型微生物对无机物的利用有很强的专一性，一种化能自养型微生物只能氧化利用一定的无机物，如铁细菌只能氧化利用亚铁盐，硫化细菌只能氧化利用硫化氢，硝化细菌只能氧化利用无机氮化合物。

（4）光能自养菌　通过光合作用俘获太阳辐射能为能量，将无机碳（二氧化碳为主）同化为细菌物质，如红硫细菌、蓝细菌（蓝藻）。

2. 通过氧化还原物质获取能量的微生物，依电子受体不同分类

（1）好氧菌　以氧气作为最终电子受体，如枯草芽孢杆菌。

（2）厌氧菌　以有机小分子或无机氧化物作为最终电子受体。

以有机小分子作电子受体，如乳酸杆菌；以氮氧化物作电子受体，如脱氮杆菌；以铁氧化物作电子受体，如铁还原菌；以锰氧化物作电子受体，如锰还原菌；以硫氧化物作电子受体，如脱硫杆菌；以二氧化碳作电子受体，如沼气产生菌。

（3）兼性好氧菌　有氧时以氧气为最终电子受体，无氧时以无机氧化物作为最终电子受体。

氧气作为电子受体的氧呼吸产能效率比无机氧化物或有机物作为电子受体的厌氧呼吸产能高。所以，酵母菌在有氧的条件下绝不用有机物作电子受体。从电子受体的角度看，产能效率的顺序是：氧呼吸＞氮呼吸＞锰、铁呼吸＞硫呼吸＞碳呼吸。

微生物的"节约原则"。微生物吸收营养，用于生长（对于微生物而言，生长就是繁殖），要生长就得合成构成细胞的物质，而且每种物质需要多少数量，都能十分精确地控制。例如，微生物繁殖一代需要100个甘氨酸，它绝不会合成101个！这是残酷的物种竞争中进化出来的。

二、微生物的食物

自然界一切含有化学能的物质几乎都可以作为微生物的食物。养殖水体中作为微生物食物的，多是残饵、粪便等有机废弃物，或水体环境的污染物。

微生物利用这些有机废弃物、污染物作为食物，自身得到大量增殖，生成庞大的微生物生物量，构成了养殖水体巨大的天然生物量，这是养殖水体天然生产力两大基础来源之一。

养殖水体中微生物食物来源主要有以下两方面。

（1）残饵及养殖动物粪便排泄物　养殖池塘每天需要投喂大量的饲料，这些投入饲料其中一部分由于溶解和散失没能被养殖动物摄食，即残饵。即使被养殖动物摄食进入体内的饲料，能被其吸收利用并同化为自身肌体的只是其中一部分，其余的被养殖动物通过粪便排泄物排到水体。投入池塘的饲料一般有2/3左右以残饵及粪便排泄物形式废弃在水体，这是池塘主要的有机废弃物，也是池塘微生物的重要食物及营养来源。

（2）动植物尸骸及藻类胞外分泌物　动植物尸骸一般指死藻以及原生动物、浮游动物等尸骸。养殖水体多为富营养化，藻类增殖旺盛，由于忽视对藻类生产力的利用，藻类能进入食物链加以利用的只是很少一部分，大部分藻类要么泛滥后自生自灭，老化死亡，要么被施用药物杀灭，所以死藻生物量很大。

藻类胞外分泌物是藻类在生长过程中要分泌一些物质，有些是与外界进行物质交换，而更多的是当部分营养素缺乏时，光合作用的产物不能有效地用于生长，多余的有机物质就会被分泌到环境中。一般情况下，对数生长期之前的藻类胞外分泌物主要是用于物质交换，而对数生长期过后的藻类由于生长速度降低，胞外分泌物就会增加。据报道，藻类的胞外分泌物占光合作用总产物的比重，有的不到5%，有的大于95%。不同藻类的胞外分泌物结构不同，与之相适应的微生物也不同。藻类具多样性，微生物种群也具多样性，藻类单一，微生物多样性也会降低。

需要说明的是，残饵、粪便排泄物、动植物尸骸等容易絮凝沉淀，除少部分以有机碎屑短时悬浮于水体中外，其余大部分都将沉积到池底。所以，溶解并均匀分散在水体里面，供悬浮于水中微生物吃喝的食物并不多，因此藻类胞外分泌物占比还是比较大的。

三、微生物的"摄食"

微生物由于个体小，结构简单，没有专门用于摄取营养的器官。因此，微生物的营养物质的吸收以及代谢产物的排出都是依靠细胞膜的功能来完成的。

蛋白质、脂肪和多糖等大分子的营养物质需要由微生物分泌的胞外酶作用分解成小分子物质才能被吸收。根据微生物周围存在的营养物质的种类和浓度，按照细胞膜上有无载体参与、运送过程是否消耗能量以及营养物是否发生变化等，将微生物对营养物质的吸收方式分为被动扩散、促进扩散、主动运输和基团转位四种方式，如表 12-1 所示。

表 12-1　四种吸收方式的比较

项目	被动扩散	促进扩散	主动运输	基因转位
特异性载体蛋白	无	有	有	有
运输速度	慢	快	快	快
平衡时细胞膜内外浓度	内外相等	内外相等	内部浓度高得多	内部浓度高得多
运送分子	无特异性	特异性	特异性	特异性
能量消耗	不需要	不需要	需要	需要
溶质运送方向	由高浓度到低浓度	由高浓度到低浓度	由低浓度到高浓度	由低浓度到高浓度
运送前后溶质分子	不变	不变	不变	改变

资料来源：周兰. 水产微生物学. 北京：中国农业出版社，2013。

（1）被动扩散　简单扩散，当细胞外营养物质的浓度高于细胞内营养物质的浓度时，存在浓度差异，营养物质自然从高浓度的地方（胞外）向低浓度的地方（胞内）扩散，当胞内外的营养物质浓度达到平衡时，扩散便停止。以这种方式进入细胞的物质只有水、二氧化碳、乙醇和某些氨基酸。

特点：①扩散是非特异性的，速度取决于浓度差、分子大小、溶解性、pH、离子强度和温度等；②不消耗能量；③不需要载体蛋白，不能逆浓度梯度进行，运输速度慢。

缺点：很难满足微生物的营养需要，没有选择性。

（2）促进扩散（或称协助扩散）　利用营养物质的浓度差进行。需要细胞膜上的酶或载体蛋白的可逆性结合来加速运输速度。即载体在膜外与高浓度的营养物质可逆性结合，扩散到膜内再将营养物质释放。

特点：①动力来源于浓度差；②不消耗能量，不能逆浓度运输；③需要载体蛋白参与，能提前达到平衡；④被运送的物质不发生结构变化；⑤运送的物质具有选择性或高度专一性。

（3）主动运输　这是微生物吸收营养物质的主要方式。在提供能量和载体蛋白协助的前提下，将营养物质逆浓度梯度运送。这种方式可使微生物在稀薄的营养环境中吸收营养，如无机离子、有机离子、一些糖类（如葡萄糖、蜜二糖）。

特点：①消耗代谢能；②可逆浓度运输；③需要载体蛋白参与，运送前后营养物质不改变结构；④被运送的物质具有高度的立体专一性。

能量来源：好氧微生物来自呼吸能，厌氧微生物来自化学能，光合微生物来自光能。

（4）基团转位　一种既需要载体，又消耗能量，并且转运前后营养物质发生分子结构变化的运输方式。以磷酸转移酶系转运葡萄糖为例，葡萄糖在转运过程中，在细胞膜上发生磷酸化反应而被转送到细胞内。每输送一个葡萄糖分子，就消耗一个 ATP 的能量。葡萄糖分子进入细胞后以磷酸糖的形式存在于细胞内，磷酸糖是不能透过细胞膜的。这样，随着磷酸糖不断积累，葡萄糖不断进入，表现为葡萄糖的逆浓度梯度运输。

特点：①消耗代谢能；②可逆浓度运输；③需要载体蛋白参与；④转运前后营养物质会改变分子结构；⑤被运送的物质具有高度的立体专一性。

主要用于运送：葡萄糖、果糖、甘露糖、核苷酸、丁酸和腺嘌呤等。

需要指出的是，各种细菌转运营养物质的方式不同，即使对同一物质，不同细菌的摄取方式也不一样。

四、微生物的协作共享

生物进化的方向是获能最大化、效率最大化。而获能的目的是用于繁殖生长，这是生命的本质，微生物尤为如此。

水生生态系统中的微生物尤其奇妙。共生与协同作战，使得尽管单一微生物是那么渺小、那么脆弱，但只要它们共生在一起，分工协作，就变得非常坚韧，非常顽强。

微生物因为太小，它们获得营养的方式是通过扩散而不是"吃"入。所以，对于环境中的大分子营养物质，如蛋白质、脂肪、淀粉或纤维素等，微生物只有先分泌水解酶和消化酶，将这些物质分解成可以直接通过扩散而吸收的氨基酸、单糖或更小的物质才可以利用。

由于微生物的这种体外消化的特点，在一个水生生态系统，只要有一种微生物能分泌蛋白酶，将水体中的蛋白质分解成氨基酸，那么，周围的其他微生物都可以一起分享。这就使得缺乏蛋白酶的微生物也能够在环境中生存。

尽管自然界大多数微生物能力很低，只能做一点点"工作"，但由于它们的协同作用，使得大家都可以生存。如果把一种物质的降解过程看成是一条车间生产流水线，微生物就是每个"岗位"上的工人。例如，蛋白质的矿化：有的微生物分泌蛋白酶，先将蛋白质卸成几大块——多肽；有的微生物分泌多肽酶，将多肽分解成氨基酸；有的微生物将氨基酸分解为氨和脂肪酸；有的微生物将脂肪酸分解为二氧化碳；有的微生物将氨转化为亚硝酸；有的微生物将亚硝酸转化为硝酸；有的微生物将硝酸转化为氮气。这样，经过协同作用，将蛋白质最终矿化为氮气和二氧化碳。

微生物的这种协作分工，使得微生物世界看起来又是一个自然形成的、组织缜密的微生物社会共同体。

一个生态系统，必须含有生命活动所需要的所有物质和酶系。但是，对于一个微生物而言，借助于微生物的这种共享与协同机制，它又可以非常的不完善。因此，水生生态系统中的绝大多数微生物是难以单独生存的，也就是说池塘里的微生物大多数无法单独培养。

五、微生物的代谢与分泌

微生物"摄食"后，总是要排泄的，微生物排泄物可分为代谢产物和分泌物。

(1) 微生物的代谢产物　有些微生物吸收葡萄糖，只能部分利用，剩下的就排泄出来了。如酵母菌在有氧状态下，通过有氧呼吸将葡萄糖彻底氧化成终产物——二氧化碳，排泄出来的就是二氧化碳；无氧状态下则进行发酵作用，产生中间代谢物——乙醇，排泄出来的就是乙醇。乳酸菌"吃"了葡萄糖，排泄出来的是乳酸。

由于厌氧微生物三羧酸循环不完善，不能将有机物都彻底矿化为二氧化碳，可以说，微生物排泄的中间代谢产物多种多样，如甲醇、乙醇、丙醇、异丙醇、正丁醇、琥珀酸、酒石酸……

当然，一种微生物的代谢产物又是另一种微生物的"食物"，这就构成了错综复杂的微生物生态系统，最终可以把所有有机物都矿化成无机盐，回归自然循环利用。

(2) 微生物的胞外分泌物

第一类是胞外酶，用于水解和消化大分子营养物，如蛋白质、脂肪、淀粉或纤维素等。

第二类是抗生素，是用来争夺地盘的。当微生物可利用的营养素不足时，为了保护地盘，消除异己，微生物会分泌一些物质，去杀灭或抑制别的微生物，这些物质我们称之为抗生素。

第三类是其他物质。当环境中某些营养素不足时，微生物同化的物质不能有效地用于生长，只能分泌出去。很多时候，这些分泌物只是一些多糖类或具有絮凝作用的黏多糖（引起水体发黏）。

有些时候，一些微生物分泌物"恰好"有生物活性，会引起其他生物中毒。如溶藻菌产生的能溶解藻类的毒素。

有些微生物能合成远远超过它们自身需要量的维生素，进而将其大量地分泌到细胞之外。例如，丙酸细菌和芽孢杆菌属的一些种，以及放线菌中的链霉菌属能产生分泌维生素 B_{12}，醋酸杆菌产生分泌维生素 C，酵母菌产生分泌 B 族维生素等。

有些微生物能产生分泌一类具有高度生理活性的物质，称为激素。

第十三章
"零用药"与藻类科学管理

怎样对藻类进行科学管理，首先要弄清楚藻类管理的目标是什么？藻类管理的目标就是要维持藻类多样性，防止出现"一藻独大"，促使养殖水体中藻类连续稳定，既不能疯生疯长，又不能缺失断档，维护藻类的生态功能正常运行。

一、藻类管理经常出现的问题

实际生产中，藻类管理经常出现一些问题，一是藻类稳定性差，频繁倒藻；二是忽视藻类生长与被牧食消费之间的平衡，造成藻类繁殖旺盛，水体 pH 居高不下。

1. 倒藻

（1）自然倒藻 就是池塘藻类整体老化，突然出现大批死亡的现象。养殖池塘常见的就是藻类水华，即单一优势藻类种群（多数是蓝藻）繁殖旺盛，致使营养物质大量消耗，局部（上表水层）营养元素成为限制，导致藻类整体老化，继而大量死亡，整个池塘藻类缺失。

（2）人为泼洒药物杀灭藻类导致的倒藻 这种情况实际生产中很常见，连续施用高质量的水体消毒剂，或全池泼洒抗生素，或全池泼洒硫酸铜、硫酸锌等药物，都有可能出现池塘藻类大量死亡的现象。

2. 藻类繁殖旺盛，水体 pH 居高不下

忽视藻类生长与被牧食消费之间的平衡，实际生产中频繁施用杀虫剂，杀灭原生动物和浮游动物等，致使食物网链节缺失中断，牧食藻类的环节缺失中断，导致藻类疯生疯长，增殖旺盛。

当池塘藻类迅速增殖时，藻类光合作用旺盛快速消耗水中 CO_2，致使养殖水体 pH 居高不下，这种情况多发生在晴朗天气下午的上表水层。

二、藻类在养殖水体中的生态功能

藻类在养殖水体中具有至关重要的作用，主要体现于三方面的功能：一是水体自净的关键环节；二是产生氧气；三是作为天然饵料被各种水生物摄食。

养殖水体中养殖动物的残饵、粪便排泄物以及动植物尸骸等这些污染有机物，通过细菌降解，分解成无机营养物质。这些无机营养物质在藻类光合作用过程中，被藻类吸收利用并转化为藻类生物量，从而完成污染物的净化过程。

在光合作用中，藻类吸收利用无机营养盐类，大量增殖，并产生氧气。藻类产生氧气这一生态功能在养殖生产中往往得不到足够的重视，人们主观认为可以采取人工机械增氧来替代填补。其实，藻类光合作用放出的氧气，是池塘水体溶氧的主要来源，一般占比 70%～90%。而增氧机增氧范围只是局部区域，增氧作用也是有限的。如我们常用的叶轮式增氧机，从增氧这个角度，它只是起应急的作用。叶轮旋转打起水花，增加与空气接触的面积起到增加溶氧的作用，但它也仅仅限于半径 5m 的区域范围。因此，池塘溶氧主要还是依赖藻类的光合作用。

藻类是光合食物链网的开端和基础，由此衍生的天然生物饵料是池塘

天然生产力两大组成部分之一。这些大量增殖的藻类形成池塘初级生产力，进入生物链网中，被池中水生动物和养殖动物直接或间接摄食利用，形成物质转化成生物量的循环。

三、怎样进行藻类的科学管理

要做到藻类的科学管理，需要做好以下两项基本措施。

1. 避免藻类的疯生疯长

维持藻类生长与被牧食消费之间的平衡，是藻类管理的一个重要方面。食物链（网）中藻类下游有原生动物、浮游动物、水生昆虫及幼虫、底栖动物等，以及滤食性鱼类。这些牧食藻类的链节中，原生动物、浮游动物等也是水中自然衍生的生物，而滤食性鱼类是人为放养的，目的就是调节藻类生长与被牧食消费之间的平衡。

保持池塘水体自然食物网链各个环节的稳定和连续性十分重要，如藻类及其以藻类为食的原生动物和浮游动物等这些链节的稳定和连续。本来，原生动物、浮游动物等天然饵料生物，是对应着藻类的多少，牧食藻类的这些生物自然调节着其生物量的。即藻类多了，牧食生物的生物量也随之多起来，增加对藻类的牧食量，自然控制着藻类的生物量。

在此基础上，依据不同时期天然饵料生物生物量的多寡情况，搭配放养一些滤食性鱼类，通过这些滤食性鱼类的摄食来调节藻类与原生动物、浮游动物等生物量的平衡。

而在实际生产中，藻类疯生疯长，增殖过于旺盛时，采取的药物杀藻是错误做法；频繁向池塘施用杀虫剂，杀灭原生动物和浮游动物等，致使食物链（网）链节缺失中断，牧食藻类的环节缺失中断，同样是错误的。

2. 避免藻类间营养恶性竞争，维持藻类多样性

要维持藻类多样性，就要防止藻类间营养的恶性竞争，让具有营养竞争优势的藻类，不至于形成"一藻独大"的状况，采取科学正确的应对措施，一是维持池塘水体较高的碱度水平；二是打破池塘水体营养物质上下非均衡分布的状况。

为什么呈现严重富营养化的养殖水体，藻类生长会遇到营养限制，产生恶性的营养竞争呢？养殖水体富营养化物质上下分布不是均匀的，与主要分布于上表水层的藻类，是错位的。

池塘残饵、粪便排泄物等这些有机物，悬浮状态是少量的，大部分会絮凝沉淀，沉积于池底。处于夏秋高温季节的藻类，光合作用强烈，增殖迅猛，需要消耗大量的营养物质。此时常常处于上下水温分层，致使下底层沉积的营养物质无法补充到上表层，此时就会造成局部的营养物质缺乏，导致上表水层的藻类出现营养限制，从而造成藻类间营养的恶性竞争。

因此，在晴朗天气的中午时分，当藻类有可能出现营养限制之前，打破水体上下分层，促进上下水体交流，促使底泥再悬浮再释放，使沉积在下底层的营养物质及时补充到上表层，打破藻类的营养限制，避免藻类间恶性的营养竞争，防止出现"一藻独大"，这是藻类管理科学有效的措施。

四、引入有益藻种培养真的能抑制有害蓝藻吗？

在实验室里，或完全可控的小水体是可以的，也是能够做到的。但在室外大水面池塘里，通过引入有益藻种定向培养来抑制所谓的有害蓝藻是徒劳的，在经济上也是不可行的。

1. 蓝藻就是有害藻吗?

普遍认为蓝藻是有害藻,就是因为经常发生蓝藻水华。

如前文所述,蓝藻水华的发生是由于水体生态系统紊乱造成的,假如采取科学的管理措施,维持藻类多样性,避免蓝藻"一藻独大",不使出现上表水层的营养限制,就不可能发生蓝藻整体老化并大量死亡的现象,就不会出现藻类断档缺失的状况。这样的话,蓝藻还是有害藻吗?

蓝藻同其他藻类一样,具有藻类应有的生态功能。诸如具有自净能力,蓝藻光合作用中能够吸收利用氨氮、亚硝酸盐等,净化水质;蓝藻光合作用中能产生氧气;蓝藻作为光合食物链的基础,衍生大量的生物饵料,是池塘天然生产力的主要组成部分。我们有何理由把蓝藻列为有害藻呢?

2. 引入有益藻种培养真的能抑制"有害"蓝藻吗?

现在防控蓝藻比较先进的做法,就是通过引入有益藻种定向培养,让这些有益藻类占据蓝藻生态位,从而来抑制蓝藻。这种做法的依据:根据生态学原理,当有益优势藻类占据着空间的生态位时,有害种类就很难繁殖。当我们不断为有益藻类提供所需要的特定营养时,有益藻类始终持续地繁殖生长,有害种类就很难繁殖起来,从而达到控制有害种类的作用。

这种依据是站不住脚的。首先池塘中藻类的种群结构遵从"物竞天择,适者生存"的原则。能够形成优势种群的藻类品种由水质属性、水体中营养盐、温度和光照辐射等因素所决定,并不是能人为控制的。

其次,藻类间的营养需求虽然有所差异,但大多数藻类对主要营养元素 C、N、P 等的需求基本一致,所以藻类之间的竞争主要体现在对水中基本营养元素的竞争优势方面。在吸收利用水中营养元素上具有竞争优势的藻类,更容易成为优势种群。

因为蓝藻在藻类种群间吸收利用水中营养元素方面具有绝对的竞争优势,所以蓝藻常常成为优势种群疯生疯长。要避免出现这种情况,对蓝藻有所限制，维持藻类多样化，需要采取的措施就是要打破池塘水体营养物质上下非均衡分布的状况，避免藻类间营养的恶性竞争，让其他藻类不仅有生态位空间，其营养需求也能得到满足。如果这项措施没有做到，引入有益藻类定向培养，通过占据生态位来抑制蓝藻，难以成功。

第十四章
"零用药"与水质科学管理

养鱼先养水，养水就是指水质管理。其实质就是维持和提高养殖池塘的自我净化能力，以求达到与逐步增加的池塘污染物相抗衡的程度。高产池塘每天需要大量投喂饲料，投喂的饲料只有一部分同化合成养殖动物肌体，而大部分饲料以残饵、粪便排泄物形式散失在水体中。这些残饵、粪便排泄物又难以分离，与池塘水体混合一起，成为池塘主要的有机污染物。

日积月累，这些残饵、粪便排泄物等有机污染物越积越多，怎样处理这些数量庞大的污染物就是水质管理面临的主要问题。更进一步说，怎么样把这些有机污染物有效利用，使之转化为具有经济价值的水产动物，这体现出水质管理的智慧和科学性。

一、从生态系统来看水产生态养殖的独特性

生态系统是由生物群落及其生存环境共同组成的动态平衡系统。生物群落同其生存环境之间以及生物群落内不同种群生物之间不断进行着物质转换和能量流动，并处于相互作用和相互影响的动态平衡之中。

自然界的生态系统大小不一，多种多样，其范围可大可小，时间可长可短，相互交错。但作为一个完整的生态系统都是由生产者（通常为植物）、消费者（通常为动物）、分解者（通常为细菌）三部分所组成。非生命物质在这三个角色之间运转循环。生产者吸收无机营养物质，通过光合作用，产生有机物；消费者依靠直接或间接摄食生产者而生存生长；生产者和消费者死亡之后，其尸骸（包括消费者的粪便排泄物等）由分解者利用，分解者通过呼吸作用将有机废物转化为无机营养物质，回归大自然进行下一轮循环。生态系统最主要的特征就是循环原则，循环原则也可以理解成自我净化与自我组织协调。

1. 养殖业所处的生态系统

养殖业包括畜禽养殖（或称陆地养殖）与水产养殖。所处的生态系统同样由生产者、消费者、分解者三部分角色组成，非生命物质（主要指无机盐类与有机废物）在这三个角色之间循环运转。只是非生命物质有机废物部分与广义生态系统有所不同，养殖业所处的生态系统的有机废物主要指饲养动物的粪便排泄物。

放养模式，人类参与度小的原始状态，畜禽密度小，不投喂饲料，如大草原上放牧的羊群。羊群在草原上的粪便排泄物由土壤里细菌利用分解成无机物质，草原上的草吸收无机养分，通过光合作用茂盛生长，生长的草又被羊群吃掉。该场景中，粪便等有机废物由细菌利用分解，再被草吸收利用，即细菌分解与植物生长环节（这两个环节是连在一起不可分开的），与羊群吃草（动物摄食）生长环节，是重合在同一时空里的。

集约化畜禽养殖模式，畜禽密度大，需要投喂饲料，如现在的养猪场、养牛场、养鸡场等，每天都产生大量的粪便排泄物。生产过程的饲料残渣，每天都需要清理，畜禽粪便排泄物，养殖工人也可以做到每天清理运走。也就是说畜禽的剩余饲料、粪便排泄物能够与其所处的环境及时分离。畜禽养殖和其所处的生态系统，与大草原放牧羊群所处的生态系统发生了很大变化。畜禽养殖生长的场所，与粪便处理净化环节，时间、空间上必须人工参与将其分开。

畜禽的粪便排泄物在养殖场所不能通过生态系统完成循环净化，必须通过人工清理搬运，再根据合适的农时季节施粪到农田，由土壤里细菌利用分解，再由种植的农作物吸收利用转化为小麦、稻谷、玉米，或各类蔬菜，或各类水果等，完成循环净化的过程。由此看出，细菌分解与植物生长环节属于种植业，与（畜禽）养殖业分属生态系统的两个阶段，且这两个阶段处在不同的时空。养殖业仅是消费者阶段，分解者与生产者阶段属于种植业，养殖业与种植业合在一起才能构成一个生态系统闭环，才能完成物质运转和循环净化。

2. 池塘养殖所处的生态系统

江河、湖泊等自然水域生存的鱼类，密度稀少，不投喂人工饲料。鱼类与其所处的生态系统同大草原放牧的羊群一样，产生的粪便排泄物不多，生态系统完全能够循环净化，消化处理。

池塘养殖是水产养殖的主要形式，同集约化畜禽养殖模式一样，每天都需要投喂大量饲料，产生大量粪便残饵等有机废物。但是，池塘养殖不能跟畜禽养殖场一样，每天从池塘中把鱼类粪便残饵等有机废物清理搬运出水体。鱼类粪便、残饵散失混杂在鱼儿所处的水环境里，难以及时分离。只要池塘不清塘，整个养殖季节鱼类粪便残饵一直累积在池塘中。

池塘养殖面对如此棘手的问题，怎么办？那就要充分认识和依靠池塘水体生态系统自身循环运转及其自我净化的功能。

对照着经典生态系统定义，池塘水体生态系统由三个角色组成，生产者就是藻类，消费者就是水生动物以及养殖鱼类，分解者就是细菌。非生命物质中的有机废物主要是鱼类粪便残饵和水生生物尸骸。

养殖池塘中粪便残饵等有机废物被细菌利用，通过呼吸作用，降解成无机营养物质，这些无机营养物质在藻类光合作用过程中，被藻类吸收利用即转化为藻类机体，从而完成有机废物的净化过程。该过程可以直观简称为粪便残饵处理净化环节。需要反复强调的是，池塘鱼类粪便残饵处理净化环节，与鱼类生存生长的水环境是处于同一空间而且同时进行，两者时空上是叠加在一起的。

二、水产养殖生态系统方法论

我们从畜禽养殖来看，畜禽喂养场所与其粪便剩饲料进入生态系统的循环运行环节，是可以延时或错时，是要变换或腾挪空间的。而鱼类粪便残饵进入其生态系统循环运行这一环节，是与鱼类生存生长的水环境处于同一空间而且同时进行。这是水产生态养殖与其他陆生动物养殖生态管理上最大的不同。

因此，水产养殖管理包括病害防治措施，必须考虑和兼顾其水体生态系统循环是否正常运行。水体生态系统是否正常运行体现在自我净化能力上，直接决定着水质的好坏，也影响或作用于养殖生产效果的好坏。这两方面是紧密相连、相辅相成的，水产生态养殖必须从这两方面同时考虑。

一方面，我们必须充分认识到生态系统循环运行的机制，来协助与提高其生态系统的自我净化能力。传统水产养殖病害防治理念主导下的养殖模式，没有考虑怎样依靠和充分利用池塘生态系统自身的物质循环运行。比如，一再强调和加强的防治措施，频繁地向水体泼洒消毒剂、抗生素等药物，杀菌杀藻。细菌是分解者，藻类是生产者，是池塘生态系统循环净化至关重要的两个角色，频繁杀灭，直接导致生态系统陷入崩溃状态，严重破坏池塘的自我净化能力。

这方面体现在养殖生产过程相应的技术和管理措施，就是充分利用池塘生态系统物质循环转化规律，将池塘粪便残饵等有机污染物最大限度转化为天然生物，实现自我净化目的。

另一方面，在做好第一方面工作的基础上，变废为宝。将粪便残饵衍生出的细菌、藻类等天然生物最大限度转化为有价值的渔产品，这也是真正提高养殖池塘生态系统自净能力的必然要求。不然的话，任由这些天然生物饵料自生自灭，重新回归池塘成为污染水体的有机废物。体现在养殖生产过程对应的技术和管理措施，就是依据这些天然生物各个食物链（网）节生物量的大小，匹配相应水产经济动物的品种、比例、规格及管理模式，最大限度地将这些天然生物饵料转化为有价值的渔产品。

三、 池塘生态系统的两大代谢机能——光合作用和呼吸作用

池塘水体生态系统的两大代谢机能是光合作用和呼吸作用，贯穿于生态系统各种物质循环和各种水生生物生命活动的全过程。光合作用消耗二氧化碳，呼吸作用产生二氧化碳。也就是说，二氧化碳的产耗能力是否可持续并良性循环是反映池塘水体环境健康程度的关键指标。

1. 光合作用

池塘水体进行光合作用者主要就是藻类，即浮游植物。藻类在光合作用过程中，吸收二氧化碳和水体无机营养盐类，利用太阳光能，自身得到大量增殖，形成池塘天然生产力的同时，产生氧气。

$$6CO_2 + 6H_2O \xrightarrow{\text{光}} C_6H_{12}O_6 + 6O_2$$

藻类光合作用产生的氧气，是池塘溶氧的主要来源，一般占到池塘溶氧总量的 $70\% \sim 90\%$。光合作用过程吸收水体无机盐类，就是生态系统运转中自净能力的体现。

养殖者往往看重人工投喂饲料产生的生产力，而忽略了光合作用利用太阳光能形成的天然生产力，这是认识上的误区。

2. 呼吸作用

呼吸过程中，有机物中的有机碳被氧化为二氧化碳，储存在有机物中的化学能以热能的形式释放，该过程消耗氧气。呼吸作用的化学方程式：

$$C_6H_{12}O_6 + 6O_2 \longrightarrow 6CO_2 + 6H_2O + \text{热}$$

池塘呼吸作用包括：水生生物呼吸、池塘水呼吸（水呼吸和底泥呼吸）。

（1）水生生物呼吸　水生生物呼吸指池塘水体中所有水生生物维持生命活动进行的呼吸作用，诸如养殖的水产动物以及藻类、原生动物、浮游动物等。养殖的水产动物呼吸消耗的氧气，只占池塘水体溶氧消耗量的一小部分。

（2）池塘水呼吸（水呼吸和底泥呼吸）　水呼吸是指池塘水体悬浮有机物如残饵、养殖动物粪便等有机物，分解成无机营养盐类的过程。有机物分解过程实质就是细菌种群生物生长的新陈代谢过程，残饵、粪便等有机物正是细菌种群的营养食物。此过程以细菌为主体，消耗氧气，放出二氧化碳。底泥呼吸是指上述悬浮有机物絮凝沉淀在池底，处于池底有机物的降解分解过程。由于池塘水体中有机物可絮凝沉淀于底泥中，而底泥又可再悬浮释放有机物，悬浮有机物与底泥可以相互转化，所以，水呼吸和底泥呼吸统称为池塘水呼吸。

池塘水呼吸实质就是细菌种群生物生长的新陈代谢过程，所以又可以称为细菌的呼吸作用。

池塘生态系统两大代谢机能主要指藻类光合作用和细菌呼吸作用。

3. 藻类光合作用和细菌呼吸作用是产生池塘两大天然生产力的基础来源

众所周知，藻类利用光能，通过光合作用吸收利用二氧化碳等水中无机营养素，合成自身有机体，使藻类自身得到生长增殖。以藻类为基础的食物链，藻类→原生动物→浮游动物等，称作光合食物链，是池塘天然生产力的一大来源。

还有许多人没有认识到的，池塘天然生产力另一重要基础来源就是细菌。细菌分解有机物的过程本身就是细菌的代谢活动，将有机物质分解（矿化）的同时，也将一部分能量合成自身物质用于生长，即细菌在呼吸作用过程中自身得到生长增殖，形成庞大的生物量。以细菌为基础的食物链，细菌→原生动物→浮游动物等，称作呼吸食物链，同样是池塘天然生产力的一大来源。

人们往往着眼于细菌对有机物分解矿化作用，而忽略了有机物分解矿化过程中的同化作用，即细菌自身合成生长，并由此形成庞大生产力。天然水体或低产池塘中，有机物少，由此产生的细菌生物量少，由细菌产生的天然生产力，往往不被重视。但现在大多数池塘产量高，每天需要投喂大量饲料，残饵、粪便等废弃有机物大量存在，细菌分解这些有机物的同时产生着巨大的生物量。

其实，有机物分解过程实质就是细菌种群生物生长的新陈代谢过程，养殖池塘废弃的有机物正是细菌种群的营养来源。一种细菌种群的代谢产物又是另一种细菌种群的"食物"，这种细菌种群的协同分工恰似有机物分解车间的生产流水线，通过这种自然形成的生产流水线将有机物分解成简单的无机盐类。

藻类的光合作用和细菌的呼吸作用，在池塘水体生态系统天然生产力的产生、系统自身循环运转及其自净能力中，起着至关重要的作用，是必不可少的关键环节。

四、天然生产力就是池塘生态系统自净能力的体现

天然生产力是池塘生态系统循环运转、污染物得到净化过程中，衍生出的天然饵料生物量。天然生产力就是生态系统自净能力的具体表现，其基础生物就是藻类与细菌。

大量相伴相生的藻类与细菌进入食物链（网），被纤毛虫、鞭毛虫等原生动物摄食，原生动物又被浮游动物（轮虫、枝角类、桡足类）、水生昆虫、软体动物（螺蛳、河蚌等）摄食……大量投喂饲料的养殖池塘，产生大量残饵、粪便等有机物，由此衍生出的天然生物量是非常巨大的。若能够充分加以利用，将产生巨大的经济价值。

1. 藻类

藻类是池塘光合作用的产物，与太阳辐射（光照时间、光照强度）相

关联。藻类作为水体初级生产力，在物质循环、食物链利用方面已被人们所熟知。

藻类通过光合作用，利用光能，同化水中无机营养素，完成自身增殖，藻类又被食物链后续环节摄食。藻类的光合作用是生态系统光合食物链的开端。

2. 细菌

细菌是池塘呼吸作用的产物，与残饵粪便等有机废弃物相关联。池塘残饵粪便等有机废弃物正是细菌种群的营养食物。细菌分解这些有机废弃物释放能量，将有机物质矿化，同时也消耗一部分能量合成自身物质用于生长，形成庞大的细菌生物量。以细菌为基础的食物链，细菌→原生动物→浮游动物等进入生态系统，成为池塘天然生产力又一大基础来源。该食物链称作呼吸食物链，细菌的呼吸作用是生态系统呼吸食物链的开端。

细菌与藻类一样，通过食物链（网）形成一系列天然生物，被渔类所利用。除此之外，细菌还可以生物絮团形式被直接利用。富营养化的养殖池塘，水体悬浮着大量有机碎屑。有机碎屑附着大量的细菌，这些附着的细菌，形成絮状、片状和块状等细菌聚合体，称为生物絮团。

养殖池塘生态系统中，藻类的光合食物链，光合作用从外部阳光吸收能量，物质是内部循环；细菌的呼吸食物链，其能量和物质都是由池塘残饵粪便等有机物分解矿化开始的。

没有人工投喂饲料的自然水体，驱动生态系统的能量流动和物质循环是以藻类的光合食物链为主，细菌的呼吸食物链为辅。而人工投喂饲料的养殖池塘，由于养殖动物对饲料的转化率比较低，还有大部分养殖动物未消化吸收和转化的物质（残饵、粪便）。这些有机废物在细菌分解矿化的同时细菌自身合成生长，形成巨大的细菌生物量。因此养殖池塘中，细菌呼吸食物链和藻类光合食物链一样，是构成其生态系统天然生产力的两大来源。

3. 原生动物

原生动物是单细胞真核生物，摄食细菌、藻类、有机碎屑等。包括纤毛虫、鞭毛虫、变形虫等，其中纤毛虫是大多数淡水水体中的重要生物类群之一。原生动物在食物链网中，是紧邻着藻类、细菌的营养级，直接摄食藻类和细菌。所以养殖水体中，其生物量是仅次于藻类和细菌的、数量庞大的营养级群体。

4. 浮游动物

浮游动物在养殖池塘最为常见，主要有轮虫、枝角类、桡足类等。

轮虫是常见的后生动物，个体小，体长一般在 0.1～1 毫米。由于生殖潜力大、世代间隔时间短，轮虫在水体生态系统中具有重要作用。多数轮虫是滤食性的，且为广食性，可以摄食细菌、藻类、小纤毛虫和有机碎屑。虽然轮虫个体非常小，但它们的过滤能力非常大，每小时可以过滤1000 倍于自己身体体积的水量。这意味着轮虫能消化大量的食物颗粒用于生长，并将能量往上一级营养级传递。

枝角类是一类身体透明的小型甲壳类浮游动物，主要摄食藻类和细菌等，是广食性的滤食动物，能滤食的食物颗粒大小范围大，其肠道内含物可以很好地定性反映该水体中藻类和细菌的种类组成。由于可利用的食物颗粒大小范围很广，所以除了摄食藻类和细菌外，还可以摄食轮虫、纤毛虫和桡足类幼虫等。

桡足类几乎分布于所有淡水水体中，其食性更为多样，可以摄食藻类、细菌、原生动物、轮虫、有机碎屑等。

5. 底栖动物

底栖动物，如寡毛类、螺类、河蚌等。

寡毛类是淡水底栖动物的主要组成部分。池塘寡毛类俗称水蚯蚓，水蚯蚓生活在池塘底部淤泥中，吞食淤泥，从淤泥中食取腐屑、细菌和底栖藻类，有时也摄食丝状藻类和小型动物。如颤蚓每天食泥量达本身容积的8～9倍，这样大量吞泥而又排出，有助于改善池底组分和有机物的利用。同时底部沉积物多的地方往往缺氧，而水蚯蚓则从淤泥中伸出大部分身体，不断摆动造成水流，以便获得更多的氧，有利于水体有机物质的分解，有助于池塘底部的净化作用。

螺蚌类也是常见的淡水底栖动物，生活在池塘底部淤泥中，依靠其腹（斧）足缓慢移动，摄食腐屑、底栖藻类、细菌、原生动物和其他小型动物。

底栖动物不仅是许多底栖鱼类、偏肉食性鱼类如青鱼、鲇鱼、乌鳢、鲤鱼、鲫鱼等优良的食物，也是特种水产经济动物如鳖、河蟹、虾等的优良食物。

底栖动物是呼吸食物链网中非常重要的营养级，如果能够加以科学管理，不仅能产生生物量巨大的底栖动物供水产养殖动物食用，而且还能促进底泥有机物的转换循环利用，变废为宝，净化水质，是池塘底泥管理最为有效且能产生经济价值的管理措施。

五、养殖实践中利用天然生产力的尝试与欠缺

1. 养殖实践中利用天然生产力的一些尝试

我国劳动人民经过多年水产养殖实践，根据养殖鱼类有着不同的分布水层、不同摄食习性的特点，采取混养模式。如"一草养三鲢（鳙）"，吃食性鱼类搭配滤食性鱼类的放养模式；如"肥水下塘"，鱼苗下塘前施肥培养浮游生物的鱼苗培育措施等等。这些都是合理利用天然生产力的尝试。

近几年来，在养殖鱼类混养、搭配滤食性鱼类的基础上兴起了鱼鳖混养、鱼蟹混养、鱼虾混养等养殖模式，同样是充分利用天然生产力的一些尝试。

2. 利用天然生产力认识上的欠缺

（1）鱼苗培育"肥水下塘"的肥料 生产实践中大多肥料是外来粪肥施入鱼苗池塘的，人们很少认识到鱼苗池底的底泥就是鱼类粪便残饵的沉积物，是比陆生动物粪肥更优良的肥料。将这些沉积优良肥料悬浮释放到水体充分利用，既减少底泥、净化水质，又节省成本，降低劳动强度。

（2）水质改良与底改剂的施用 现在"养鱼先养水，养水需改底"已成为共识，市场上许多水质调控及底改产品是以沸石粉等絮凝剂为主要原料做成的，施用后表面看起来水体清爽了许多，水中悬浮有机物减少了许多。殊不知这些底改剂只是加速水体悬浮有机物的絮凝沉淀，加重了池塘底部的"负荷"，是底部改良的反向作用。从天然生产力有效利用方面来说，水体悬浮的有机物颗粒就是附着大量细菌的生物絮团，也是池塘天然生产力的重要组成部分。将这些能够被水产动物摄食利用的悬浮生物絮团，絮凝沉淀成为底泥沉积物，本身就是巨大的浪费，又增加了底部有机污染物，这些措施行为与水质管理的科学性南辕北辙。

（3）主养鲤鱼搭配鲢鳙模式 以郑州地区举例来说，除了主养鲤鱼外，一般搭配鲢鳙数量300～400尾/亩，鲢鳙放养比例（3～5）∶1，二十多年来变化不大。

① 从搭配鲢鳙比例来说，鲢远大于鳙，这个比例是基于浮游动物是藻类下一级链节，生物量远远小于藻类。实际上浮游动物不仅牧食藻类，还摄食细菌，养殖池塘产生着大量细菌，浮游动物生物量远远大于人们的预期。另外从鳙鱼食物来说，传统认为主要滤食浮游动物，实际上大量悬浮的生物絮团（附着细菌的有机碎屑）和藻类（许多藻类以聚合群体形式）都是鳙鱼可滤食的食物。所以需要大大提高鳙鱼的放养比例，越是高产池塘，鳙鱼放养比例应该越大。假如鳙鱼放养比例过小，水体中大量的浮游动物和生物絮团将得不到充分利用。

② 从搭配鲢鳙生物量来说，套养数量二十多年基本不变。养殖户们包括许多专业技术人员普遍认为，套养的鲢鳙鱼类不论放养数量多少，最终出塘产量都是一定的。认为套养数量多了，出塘时个体规格小；套养数

量少一点，出塘时个体规格就大些。

试想一下，每天投喂 300 千克饲料的高产池塘，与投喂 50 千克饲料的池塘，其产生的残饵、粪便排泄物等有机污染物相差很大，由此产生的天然生产力差别同样很大，鲢鳙鱼出塘的产量会一样吗？

一口池塘平时频繁采取杀藻、杀菌、杀虫等破坏池塘天然生产力的行为，而另一口池塘很少采取此类行为，尽量有效利用天然生产力，那么这两口池塘出塘时鲢鳙鱼的产量也会一样吗？

（4）"80∶20"养殖模式　80％的吃料鱼，搭配20％滤食性的鲢鳙鱼类，这是流行多年、普遍采用的养殖模式。这也是尝试利用天然生产力方面不错的一种养殖模式。但是生产实践中该模式并没有因地制宜、与时俱进，科学而充分地利用天然生产力。

产量的高低，投喂饲料的多少，粪便残饵等有机物量的大小，决定着生态系统衍生出的天然饵料生物量；不同的养殖品种，不同气候、不同地区的池塘条件、资源都有所差异，由此衍生出的天然饵料生物种类及其各个链节的生物量不会一样，20％的鲢鳙鱼类能做到充分利用吗？无论从20％的数量，还是搭配品种仅限于鲢鳙两方面来说，显然远远不能！

六、 水质管理科学性体现在养殖池塘天然生产力充分有效的利用

前面章节谈到，池塘生态养殖两个核心环节，也是水质科学管理的两个方面，一是充分利用池塘生态系统物质循环转化规律，充分挖掘池塘天然生产力的潜能，将池塘粪便残饵等有机污染物最大限度转化为天然生物，实现自我净化；二是在此基础上将这些天然饵料生物最大限度转化为有价值的渔产品，由此转化的渔产品称作生态渔产品。对应的由商品饲料转化的渔产量，称作吃料渔产品。

如何通过技术和管理措施来做好这两个方面的工作呢？

措施一，晴朗天气的中午时分，采取物理机械方式促使底泥再悬浮释

放进入水体生态系统循环运转中，以及促进上下水层交流。

池塘渔类残饵、粪便等有机物，一部分悬浮在水体，其余大部分慢慢絮凝沉淀到池底。悬浮的这部分有机物，一小部分被滤食渔类摄食利用，大部分进入生态系统循环正常运转之中得到净化。而沉积到池底的大量有机物，常常处于缺氧环境，有机物分解效率很低，光合作用的藻类大多又分布在中上水层。因此衍生细菌、藻类等基础食物源的生物量很低，加上许多底栖动物无法在缺氧环境下生存，天然生产力水平很低，也就是由沉积有机物转化的天然生物量非常少，绝大部分始终处于污染有机物状态。

促使底泥再悬浮释放这一措施，不仅仅在于将沉积有机物污染源悬浮释放成优质肥料，它将极大地提高池塘粪便残饵等有机污染物转化为天然生物的效率，充分挖掘池塘天然生产力的潜能。

底泥再悬浮与释放能够源源不断衍生出数量巨大的细菌、藻类等基础食物源，另一方面池塘底部淤泥蕴藏着丰富的原生动物休眠包囊，以及轮虫、枝角类、桡足类等饵料生物休眠卵，在缺氧环境沉积有机物中这些休眠卵一直处于休眠状态难以萌发。随着底泥悬浮这些饵料生物的休眠卵一旦达到溶氧丰富的中上层，加上充足的基础食物源，将会产生数量非常巨大的原生动物、轮虫、枝角类、桡足类等饵料生物量。

上下水层交流促使上层溶氧丰富水体及时到达底层，极大改善底部溶氧状况，这是底栖软体动物、寡毛类、水生昆虫及其幼虫等无脊椎动物生存的必要条件。这将极大地提高底栖动物生物量。

措施二，依据天然生产力各个食物链（网）节生物量的大小，匹配相应水产经济动物的搭配品种、比例、规格及管理模式。就是指池塘生态系统循环运转、污染物得到净化过程中，衍生出的天然饵料生物都能够有效转化为具有经济价值的渔产品。由生态循环自净过程中衍生出的天然饵料生物转化的渔产品，称作生态渔产品。

天然生产力的各个食物链（网）节中，藻类（水草）、细菌（生物絮团）是天然生产力最基础、最根本的营养级，生物量最大。邻近一级的有原生动物、浮游动物、水生昆虫、底栖动物（环节动物、软体动物）等，这些都是比藻类、细菌稍高一级的营养级，直接以藻类、细菌为食，生物量仅次于藻类和细菌。

细菌与藻类一样，通过食物链（网）形成一系列天然生物，被渔类所利用。除此之外，细菌还可以生物絮团形式被直接利用。众所周知，生物絮团是滤食性鱼类（如鲢鳙、罗非鱼、匙吻鲟等）良好的、营养丰富的食物。不仅如此，生产实践中发现，黄颡鱼、泥鳅、虾蟹等渔类，以及大多数鱼类的苗种阶段，都能很好地摄食利用生物絮团。所以，现在兴起的立足于充分利用生物絮团的养殖模式，称为生物絮团养殖模式。这种模式不仅可以大幅度降低饲料系数，而且有效净化水质，是经济环保、可持续发展的一种养殖模式。

原生动物及浮游动物这类营养级群体，不仅仅是滤食性渔类最优良的饵料，可以说是几乎所有渔类苗种最优良的开口饵料。水体中具有丰富的原生动物和浮游动物群体，对于许多渔类的苗种培育阶段至关重要，如鲫鱼、鲈鱼、鲇鱼、黄颡鱼、泥鳅、乌鳢、鳖、虾蟹等，如果缺乏这些鲜活饵料，鱼苗成活率大大降低，甚至育苗失败。这些鲜活饵料不仅是营养丰富的食物，它对于提高渔类苗种免疫力、抗病力有着极其重要的作用。所以许多偏肉食性鱼类苗种的开口饵料，任何配比丰富、质量再高的人工饵料都无法完全替代这些鲜活饵料。

衍生生物非常多样化，应依据各个衍生生物量多少，匹配相应的渔类品种。首先，滤食性渔类不应仅限于鲢鳙鱼，还应增加罗非鱼、匙吻鲟、黄颡鱼、泥鳅、河蟹、虾等；若衍生的水草、浮萍很多，应多搭配草食性鱼类、河蟹等；若池塘底部螺蛳等底栖动物量大，应多搭配底栖渔类如青鱼，河蟹、鳖……

只要采取科学合理的措施，大量投喂饲料的养殖池塘，生态渔产品产量与产值应该与吃料渔相当。

第十五章
养殖水体的上下分层

太阳辐射是池塘水体主要的热能来源，大多数辐射光能在水体上表层被吸收转化成热能。由于悬浮颗粒和溶解物质的存在，池塘水体对光能的吸收随着深度的增加呈指数递减，因此水体通常分为两层，位于上表层低密度的较高水温层和下层高密度的较低水温层，这就是水温分层。

我国大部分地区池塘水体一般存在夏秋季水温"正分层"和寒冬"逆分层"两个水温分层期，以及春季与秋季初冬两个易翻转交流期。冬季是养殖管理淡季，能够形成"逆分层"的寒冬期更是养殖管理的休眠期。因此，本章节主要阐述分析夏秋养殖季节"正分层"水温分层给养殖生产造成的巨大困扰。

在水产养殖的高温季节，由于水温形成的池塘水体上下分层非常明显，上层水温高密度小，下层水温低密度大，这种分层现象在自然状况下很难打破。这种上下分层现象，不仅是水温分层，而且导致溶氧分层、pH 分层、水体衍生生物分层乃至微生物种群分层等。水体上下分层是水产养殖诸多问题的主要根源，也是池塘生态系统正常运转的主要阻碍，但往往被人们忽视。

诸如秋季或春季前后池塘水体上下翻转"泛池"导致的大量死鱼事件，每年各地时常发生，给广大养殖户造成严重的经济损失，是养殖户们非常头疼的事情。

诸如防不胜防、频频发生的气泡病。若出现在鱼苗池，就可能致使大量鱼苗死亡；若发生在大鱼养殖池，往往缺乏正确的应对措施，引起严重后遗症，并导致滥用药物。

诸如蓝藻水华频繁暴发的问题。不仅仅养殖池塘，一些大型湖泊、水库或城市景观湖泊也常常发生蓝藻水华，给这些湖库管理及水质调控造成了极大的困扰。

诸如养殖池塘氨氮、亚硝酸盐、硫化氢等有害物质含量常常居高不下，大量药物频繁施用也难以根治的顽疾……

上述种种问题产生的主要根源，就在于养殖水体的上下分层，致使水体上下交流及其底泥再悬浮释放无法进行，阻碍了水体生态系统正常顺利地运转。

一、"泛池"大量死鱼现象为何难以避免、屡见不鲜?

养殖池塘"泛池"大量死鱼现象，每年各地时常发生。"泛池"多发生在养殖生产季节，上下水温分层处于常态，池塘底部积累过多的淤泥，溶氧处于负值的氧债区。一旦遇到连续阴雨天致使气温明显下降，或台风大暴雨等恶劣天气致使上表层水温低于底层水温时，下底层水翻上来，此时池塘整个水体瞬间大量耗氧，甚至溶氧耗尽，大量死鱼将不可避免。

我们以 2015 年的惠州"泛池"死鱼事件为例，来说明为什么"泛池"大量死鱼现象难以避免。

2015 年 4 月 10 日，广东惠州市仲恺潼湖农场一口 92 亩鱼塘，一夜间死亡 20 万斤鱼，塘主张老板顷刻损失 100 多万元。

8 日傍晚，潼湖下了一场暴雨，到了晚上，发现满塘的鱼儿浮上水面。看到这种状况，张老板采取开启全部增氧机，大量泼洒增氧剂等一系列急救措施，难以起到任何作用。9 日凌晨池塘里的鱼开始大量死亡。9日下午 2 时，张老板组织工人赶紧给鱼塘里撒 2.5 吨食用盐，他听说鱼塘内氨氮值太高，用食用盐可以解毒，但不见丝毫好转，整个鱼塘中的鱼几乎全部死光。

该塘平均水深5米，排水不畅，大量残饵粪便沉积池底。由于水温致使上下水体分层，自然状况下上下水层难以交流，这些淤泥平时难于消化利用，日积月累，淤泥层越来越厚。8日傍晚的大暴雨，彻底打破了上下水体原有的分层。当时气温下降15℃，致使表层水温剧烈下降，表层水温低于池塘底层水温，引起上下水体的对流，大量底层水及其淤泥悬浮物被翻上来，瞬间大量耗氧，导致池塘水体突然整体缺氧，引起大部分鱼类死亡。

"泛池"发生的基础或条件，一是池塘底部积累着厚厚的淤泥层，存在着大量的耗氧因子；二是被动地出现水体上下翻转。第一个条件，这是高产养殖池塘普遍存在的状况。第二个条件，不管是自然规律（秋季、春季易翻转季节），还是天气下雨降温，人们都无法掌控。

在水产养殖的高温季节，大量投喂饲料，残饵粪便等废弃有机物不断沉积。现在普遍使用的渔业机械，不论是常见的叶轮式或水车式增氧机，还是近年来新投入市场的涌浪机等都是在上表水层搅动翻起水流，难以做到下层水尤其是底层水与上层水进行充分交流。也就是说池底淤泥有机物平时难以消化利用，日积月累，淤泥层越来越厚，底部溶氧负债越来越大。

在养殖管理过程中，如果不着力于平时促进上下水层交流以及底泥再悬浮再释放，不促使底部淤泥平时的消化利用，那么类似惠州"泛塘"死鱼现象仍将不断发生。

二、溶氧的上下分层

藻类一般分布在上表水层的光照层，藻类光合作用持续不断产生氧气，晴朗天气下，上表层水层溶氧很快达到饱和状态，下午溶氧甚至达到饱和度的两倍以上。由于水温分层现象，上下底层很难交流，上表层过饱和的溶氧不能及时交流到下底层而逸出到空气中，造成溶氧极大的浪费。

而池塘底层，随着养殖动物残饵排泄物和动植物尸骸不断絮凝沉淀，沉积有机物大量耗氧。由于水温分层，难以进行上下底层交流，富氧层过饱和的氧气大量逸出到空气中，而底层得不到氧气的补充，长期处于缺氧状态。因此，池底沉积有机物大多进行厌氧分解，其分解产物都是易大量耗氧的还原物质，这些还原物质一旦遇氧将迅速消耗氧气。而且这些还原物质中许多还是对养殖动物有直接毒害作用的物质，如硫化氢、甲烷、亚硝酸盐等，这些有害产物的积累，将对一些底栖鱼类以及底层生活的虾、蟹、鳖等极其不利。

综上所述，养殖水体从溶氧层面分为富氧层、耗氧层及氧债区。上表水层的光照层，光合作用旺盛，产生大量氧气为富氧层；中下水层呼吸作用占据主导地位，消耗氧气称作耗氧层；底层沉积物厌氧分解产生大量还原物质，缺氧负债，为氧债区。

随着有机沉积物日积月累越来越多，还原物质越积越多，有害产物越积越多。长期如此，底层慢慢积累成不定时的炸弹，一旦遇到不利天气（如暴雨降温天气）致使上表水层水温大幅降低，下底层水翻到上层，上下底层被动交流，如果底层还原物质的耗氧量大于养殖水体的溶氧量，整个水体溶氧瞬间被耗尽，养殖鱼类将可能全军覆没。

三、 pH 上下分层

pH 是池塘水环境一个非常重要的水化学和生态因子，它是一个动态变量，pH 与 CO_2—HCO_3^-—CO_3^{2-} 缓冲体系的平衡过程密切相关。光合作用和呼吸作用是影响水体 pH 的主要生物学过程，它们通过改变水中 CO_2 的总量而起作用。由于藻类上下水层分布的多寡不同，光合作用与呼吸作用在上下底层具有明显差异，直接导致了养殖池塘上下底层 pH 的高低变化。

水中存在下列化学平衡：

$$2HCO_3^- \rightleftharpoons CO_3^{2-} + H_2O + CO_2 \qquad (15\text{-}1)$$

$$HCO_3^- \rightleftharpoons OH^- + CO_2 \qquad (15\text{-}2)$$

从式(15-1)、式(15-2)中可以看出,当池塘藻类迅速增殖时,光合作用旺盛快速消耗水中 CO_2,促使化学平衡向右移动,结果水中大量积累 CO_3^{2-}、OH^-,pH 升高。这种情况多发生在晴朗天气的表水层。

相反,夜晚池塘呼吸作用(生物呼吸、有机物分解)占据主导地位,水体中大量积累 CO_2,促使上述平衡向左移动,OH^- 减少,pH 下降。

白天上层水光照强,藻类多分布于上层,光合作用强烈,藻类增殖旺盛,水体 pH 高。晴朗天气的下午,水体 pH 常常达到 9 以上;而池塘底层,光线弱,藻类分布很少,光合作用很微弱,底层水中主要进行有机物的分解活动,即呼吸作用一直处于主导地位,底层 pH 低且昼夜的波动幅度很小。一些长时间不能干塘清淤的池塘,淤泥厚沉积有机物多,经常处于厌氧分解,会有大量有机酸生成,常常致使 pH 降至 5 以下。

pH 过高或过低均对水质和生物有非常大的不利影响。由于上表水层藻类增殖迅猛,光合作用旺盛,导致 pH 居高不下,因此人们常常采取泼洒药物,通过杀灭藻类来降低 pH。这种做法严重破坏养殖水体生态系统的自净能力,致使水质进一步恶化。

现在降低 pH 比较普遍的做法就是全池泼洒盐酸、醋精等,实际生产中泼洒量没有一个固定值,有时有效果,有时没效果,即使有效果但不能持久,容易反弹。从水化学角度来说,添加盐酸或醋精等酸性液体可直接中和水中 OH^- 从而降低 pH,但泼洒量多少及其效果如何?下面通过一个试验为例来说明。

微信公众号《科学养殖》介绍过一个实验,是对养殖水体中添加盐酸降低 pH 值效果的研究,见图 15-1。

图 15-1 中纵坐标 ΔpH 表示 pH 降幅($\Delta pH =$ 对照组 pH—处理组 pH)。

从图 15-1 中可以看出,添加盐酸后 0.5 小时,pH 降幅明显,但仅持续到 2 小时,之后 pH 开始反弹,一天后基本上恢复到原来的 pH 值。该实验结果印证了养殖水体通过泼洒盐酸、醋精中和来降低 pH,不仅需要

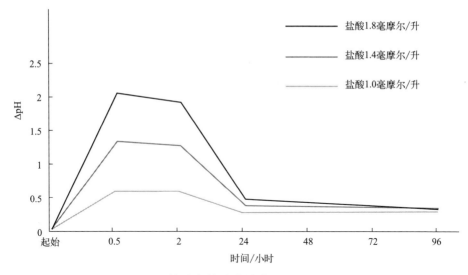

图 15-1　盐酸在养殖水体中降低 pH 的效果

量很大，而且泼洒后，pH 虽短期有明显降幅但容易反弹，不能持久。

　　所以，认识到养殖水体上表水层 pH 波动过大的原因以及上下底层 pH 的差异后，pH 管理的最有效且经济可行的措施就是晴朗天气的中午时分，促进上下水层交流及底泥再悬浮释放，一是做到上下底层 pH 的均衡；二是底泥再悬浮释放到水体上层，大大增加上层水呼吸的强度，增大 CO_2 供给量，直接有效地降低 pH。

四、微生物的上下不同

　　池塘微生物是与废弃有机物相伴相生的，水体悬浮有机物和底部沉积有机物的多少与微生物数量直接相关联。池塘残饵粪便等废弃有机物悬浮水体中只占少部分，大部分逐渐絮凝沉淀底部。

　　悬浮的有机物称为有机碎屑，又称作生物絮团，可以被浮游动物、鱼、虾等水生动物直接摄食利用。有效利用池塘水体的生物絮团可大大降低人工饵料系数。大部分有机物慢慢絮凝沉淀到池底，微生物随着有机物的沉淀沉积在淤泥中，这种絮凝沉淀过程多数时候是单向的，即在水温分层状况下淤泥的再悬浮释放是没办法进行的。长此以往，日积月累，越来越多的微生物种群沉积在淤泥里，所以说池塘底部淤泥是池塘水体最丰富的微生物种群库。所以池塘底层及其淤泥与中上层水体中微生物种群在数量上的多寡已是非常明显。

加上受传统养殖观念影响，人们频繁使用水体消毒剂甚至抗生素不断杀菌，由于水温分层，以水剂泼洒的药液大多集中在中上层水体。本来中上层水体微生物种群数量明显少于底层，频繁的消毒杀菌又多作用于上层水体。因此上层水体微生物种群数量及活性常常不足，致使池塘中上层水体微生物分解能力严重不足。

微生物种群在水体上表层与下底层除了数量上多寡的明显差异外，也存在着有氧分解与厌氧分解变性转换的不同。微生物种群随着有机碎屑沉积到池底，由于池塘底层经常处于缺氧状态，进行有氧分解的微生物不得不进行厌氧分解。常常说的细菌性病害多是条件致病菌，由于缺氧而转为厌氧分解就是细菌成为致病菌的主要条件之一，几乎所有水产养殖动物的病原微生物都是兼性厌氧菌。已知兼性微生物转为厌氧分解成为致病菌的有：黏细菌、荧光假单胞菌、嗜水气单胞菌、鮰爱德华菌、链球菌等。

通过池塘底部淤泥及絮状物的再悬浮再释放，将底泥中丰富的微生物种群释放到水体，提高水体生态系统中微生物的分解能力，修复和提高池塘水体的自我净化能力，而且大大减少商品微生态制剂和各种商品细菌的使用，可以大幅降低养殖成本。

另外将底泥中丰富的微生物种群释放到水体，其由厌氧分解转化为有氧分解，去除了条件致病菌的致病条件，将条件致病微生物转化成有益微生物种群，可大幅降低化学药物特别是抗生素药物的滥用，有利于真正生态养殖技术的推广，提供无公害放心安全的水产品。

五、水库渔业的困惑

我国水库星罗棋布，宜渔水面十分丰富，水库养殖面积占淡水养殖总面积的30%。水面积在数千亩到数万亩的水库大多采取粗放型养殖，人工放养鲢鳙等鱼类。一般鲢鳙放养密度为每亩200尾左右，依靠天然饵料基础，适当投放必备的投入品，培养饵料生物或投喂人工饲料。

近年来由于环境保护越来越受重视，更多的是追求青山绿水，构建旅游生态风景区，对水库投入品要求更加严格。加上许多水库成为饮用水源，不仅传统投入品如化肥、粪肥、人工饲料等禁止施用，而且发酵粪肥或生物肥同样禁止投放，并且禁止水库网箱养鱼、围栏养鱼等集约化养鱼方式。正因为如此，在当今食品安全越来越受到重视的氛围中，水库鱼越来越受到广大消费者的欢迎，水库鱼消除了人工喂养鱼类品质堪忧且有药物残留的困扰。

但出现的难题是水库饵料资源严重缺乏，水库鱼类生长速度严重受限，产量很低。而且，禁止投入品投入、禁止水库网箱养鱼以前，原有已放养的鱼类密度，由于缺乏饵料基础，生长速度受到很大限制，水库鱼类迟迟达不到应有的商品规格。上述问题成为许多水库养鱼的难题和困扰。

2016年我就遇到了类似的实例。郑州地区有个水库水面不足一万亩，现在是城市饮用水源，水库禁止投入品投放。自2014年年初水库禁止网箱养鱼，这就是说通过网箱养鱼大量投喂饲料，残饵粪便增加天然饵料资源的途径也断了。水库放养情况如下：2012年冬季一次放养花鲢86万余斤，平均0.84斤/尾，加上该水库原有的花鲢数量，仅花鲢养殖密度就达200尾/亩。从2016年1月该水库捕获情况来看，花鲢多且明显偏小偏瘦，平均2斤多/尾。按通常情况，经过2013年、2014年、2015年整整三年养殖，花鲢规格应在6～10斤/尾。花鲢密度过大，可摄食饵料资源严重缺乏，如果不采取对应措施，花鲢接下来的生长情况将不容乐观。

类似该水库的情况很多，粗放养殖型放养模式的水库渔业，普遍遇到了投入品的限制，饵料生物资源严重缺乏，鱼类生长速度大幅度减缓的困境。

即使有些中小型水库允许施用发酵粪肥和生物肥，起到的作用也不大。且不说购置粪肥进行发酵，再均匀施放到水库，不仅脏且工作量很大，施入水库的这些粪肥，大多数还是慢慢沉淀到库底；再说生物肥，市场上的生物肥普遍用作花卉、蔬菜、农作物的肥料，制作工艺就是烘干、制粒而已，没有膨化的工艺，生物肥撒入水库，大部分同样沉积到库底。由于水温分层，上下难以交流，所以这些粪肥和生物肥都将被封存在库底，难以起到应有的作用。

难道就没有有效措施了吗？有！

有效的措施就是促进上下水体交流及促使水库底泥再悬浮再释放。水库底泥是丰富的营养库，积年累月，水库沉积物已经成为蕴藏极其丰富的C、N和P储存库。加上这些水库都有多年网箱养鱼的历史，水库底部沉积着大量的残饵和鱼类粪便，这是超过任何生物肥或发酵粪肥优良的营养物质，启动悬浮、释放到水体，所有的难题迎刃而解。

第十六章
慢性气泡病发生机理及其
后遗症的危害

气泡病，鱼类各个养殖阶段均可发生。鱼苗患上气泡病，症状非常明显，时而侧卧漂浮水面，失去平衡；时而拼命向下狂游，挣扎力竭。若不及时采取对应措施，短时间就会有大批鱼苗死亡。成鱼养殖中的大鱼阶段，对水体的气体过饱和环境有一定的耐受能力，对体内气泡有一定的消化吸收能力或调节能力。相对于鱼苗培育阶段气泡病的急性发病症状，患上气泡病的大鱼不会有明显症状，所以称慢性气泡病。

结合养殖实践中病害防治的亲身经历，认为大鱼阶段慢性气泡病的忽视与放任，或错误应对措施，本身危害有限的气泡病就会衍生出许多出乎意料的严重后遗症。气泡病常常成为继发病原性疾病的诱因，也是滥用药、频繁用药的入口，从而酿成一系列的经济损失和生态灾难。

一、气泡病发生的机理分析

气泡病形成的基础或前提条件，就是鱼类生存的水体出现了气体过饱和，过饱和部分气体游离出来，在水中形成微小气泡。这些气体过饱和的水体，通过鱼类鳃呼吸和循环系统进入鱼体各处组织，致使鱼类出现气泡病的症状。不论是鱼苗还是大鱼，只要处于气体过饱和环境中，均无法避免游离气体进入体内。

文献论述和报道比较多的场景就是，江河水利大坝泄流时，大量空气被卷入水体使水体中的溶解气体过饱和，这些气体过饱和的水体导致江河下游的鱼类出现气泡病症状，甚至造成大量鱼类的死亡。

另一类场景在生产实践中也常常出现。地下深井水抽上来直接注入鱼池，由于气压大幅降低，井水中气体溶解度下降，溶解气体逸出，致使鱼池中鱼类患上气泡病。笔者的工作单位曾有两个渔场，一处是在水库边，另一处是在电厂边。1997年11月上旬，为了便于管理，需要将水库网箱养殖、规格0.2～0.3千克/尾的鲳鱼，移到电厂养鱼场的一个鱼池。移池过后，从旁边抽井水注满鱼池，结果，鲳鱼就呈现翻肚、平游、失去平衡、水面上打旋的症状。用容器在出水管口接水，发现容器里的水呈现淡淡的乳白色，等候片刻恢复正常清水。于是才明白这是由于出水混合着大量微小气泡的缘故，导致池中鲳鱼患上了气泡病。当时幸亏采取了对应的有效措施，避免了损失。

国内一些学者通过总溶解气体（TDG）过饱和试验，或溶氧过饱和试验，观察研究了水体中气体过饱和对鱼类的影响。该类试验通过空压机向实验水箱打入空气的方式，生成溶解气体不同过饱和度的水体；或使用氧气瓶向水族箱充入纯氧的方式，生成溶氧不同过饱和度的水体进行试验。

宋明江等选取达氏鲟4月龄幼鱼进行总溶解气体（TDG）过饱和水体对其影响的试验。试验表明，达氏鲟幼鱼受TDG过饱和水体胁迫后，生理异常现象和气泡病症状明显，鱼口两侧和鳃盖周围出现气泡，产生头部充血、四周红肿的现象。通过显微镜观察，鱼鳃、背鳍、胸鳍、腹鳍等均发现有气泡。在饱和度为125%、130%、135%和140%的TDG过饱和水体浓度下，半致死时间分别为4.4小时、2.54小时、2.36小时和2.23小时，达氏鲟幼鱼死亡率随着暴露时间和TDG饱和度的增加而增加。

董杰英等利用试验装置模拟大坝泄流方式，生成总溶解气体（TDG）不同过饱和度的水体。通过实验，分析了几种常见鱼类对于过饱和溶解气体的敏感性。鱼类暴露在较高的溶解气体水体中时，容易出现突眼、鳍充血、肛门充血、嘴红肿等症状，镜检肠道及鳃丝，可发现有柱状气泡。

彭天辉等使用氧气瓶充入纯氧的方式，在溶氧饱和度为 100％～150％、150％～200％、200％～250％ 3 个封闭水族箱中，选用 50 克的加州鲈进行试验。结果表明，同样发生眼球角膜突出、不透明，鳃丝，眼球后极和鳍条基部等处出现气泡的症状。但 20 天试验期间，没有发生因气泡病而死亡的鱼体。

综上所述，气泡病发生机理的分析：水体中气体过饱和，过饱和部分气体游离出来，在水中形成微小气泡。这些含有游离气体的水体，通过鱼类呼吸系统和循环系统进入鱼体各处组织，致使鱼类出现气泡病的症状。不论是鱼苗还是大鱼，只要处于气体过饱和环境中，均无法避免游离气体进入体内。只是其敏感性、耐受度有很大的差异。

彭天辉等进行纯氧过饱和试验，虽然鱼体各处组织出现气泡的症状，但 20 天试验期间，没有发生因气泡病而死亡的鱼体。结合笔者养殖实践经验分析，进入鱼体的纯氧气泡，可以被鱼体消化吸收，除鱼苗外，不会出现高致死率的急性气泡病。

二、养殖生产中对气泡病的认识

20 世纪 80～90 年代，水产养殖大多数从业人员认为气泡病只发生在鱼苗培育阶段，成鱼养殖阶段不会出现气泡病。其原因首先是源于传统认知，多是在池边采用肉眼观察，发现水体表面患有气泡病的鱼苗肠道（或体腔）都存在一些气泡，经验上认为是鱼苗误将气泡当作食物吞入造成的。

鱼苗患上气泡病，是否存在误吞气泡而引起的情形，现在看来还需要进一步研究验证。其实游离水中的微小气泡，主要还是通过鳃呼吸进入鱼体内的。患上气泡病的鱼苗，如果放在解剖镜下观察，不仅肠道，体腔内、鳃片等都有大小不一、形状各异的气泡或气柱；从外表看，各个鳍条上、眼眶周围、眼囊内等都有气泡存在。

近年来，随着越来越多的专业技术人员走进养殖生产一线，成鱼养殖环境中，养殖水体过饱和气体的产生，大鱼气泡病的成因及其防治措施，业内有了一些认识与研究。

关于气泡病发生原因的认识与研究主要着眼于溶氧过饱和上，藻类光合作用旺盛产生大量氧气，溶氧过饱和致使鱼类气泡病的发生。经常列举的气泡病容易发生的几种情形：①连续阴雨天后突然放晴，艳阳高照；②施用杀虫剂，伴随着浮游动物减少，对藻类牧食压力大大减轻，而使藻类泛滥等。都是体现在藻类光合作用旺盛产生大量氧气这一方面。

而采取的防治措施，如泼洒硫酸铜、氯制剂、食盐等杀藻剂，或泼洒表面活性剂等。对于这些防治措施，笔者持有不同的意见。藻类在养殖水体发挥着不可缺少的生态功能，施用杀藻剂杀灭藻类常常会对水体生态系统自净能力起着破坏作用，导致水质恶化。再说，杀死的藻类本身就是污染物。

施用表面活性剂，也是值得商榷的。一些学者认为泼洒表面活性剂降低水体表面张力，促使过饱和气体逸散到空气中。应考虑的问题是，泼洒表面活性剂对水质会不会产生副作用？促使过饱和气体逸出，有没有其他有效的物理措施？

其实，晴天中午时分，多年来一直采取的开启增氧机的传统做法，完全可以起到促使过饱和气体的逸出，减缓上表水层溶氧过饱和的作用。溶氧过饱和状态仅仅在晴天下午时分，并不会持续太长时间，对于进入体内氧气气泡，大鱼具有一定的消化吸收能力。所以，对于气泡病的发生，不能仅仅关注上表水层溶氧过饱和状态。

成鱼养殖阶段气泡病如此普遍且危害严重，能够合理的解释，就是除了溶氧过饱和状态形成的气泡病外，还有氮气过饱和状态下发生的气泡病。氮气过饱和而发生的气泡病比氧气过饱和形成的气泡病，其危害要严重得多。

三、过饱和气体生成的机理

养殖水体上下分层而难以交流的状况，正是池塘容易产生气体过饱和情形的症结所在。下面从池塘中都会产生哪些气体，哪些气体容易过饱和，以及产生这些过饱和气体的机理来分析。

1. 过饱和氧气生成的机理

藻类一般分布在上表水层的光照层，光合作用持续不断产生氧气，晴朗天气下，上表层溶氧很快达到饱和状态，持续到下午 3～6 时期间溶氧常常达到饱和状态的两倍以上。所以，上表水层溶氧过饱和常常是导致气泡病的主要原因，也是鱼苗培育池急性气泡病发生的主要原因，这是业内许多人士都能认识到的。

2. 过饱和氮气生成的机理

从养殖池塘底部缺氧环境下，随着氧化还原电位持续下降，还原状态中有机物厌氧分解的一系列产物分析入手，说明氮气过饱和气体产生的机理。

高产池塘底部沉积着大量残饵、粪便等有机物。这些沉积有机物分解时，耗氧量很大。由于水温分层现象，上下底层很难交流，上表层过饱和的溶氧不能及时交流到下底层，致使池塘底部常常处于缺氧状况。

一般情况下，有机物进行有氧分解。当池底溶氧耗尽时，转为硝酸（NO_3^-）、硫酸（SO_4^{2-}）、CO_2 等无机氧化物作为氧化剂进行厌氧分解。进行厌氧分解时，首先代替溶氧作为氧化剂的是硝酸（NO_3^-），称作硝酸呼吸。以硝酸（NO_3^-）做电子受体和氢受体。硝酸呼吸分别由亚硝酸细菌、氨化细菌、脱氮细菌作为主体，其伴随产物为亚硝酸、氨和氮气（N_2）。

当氧化还原电位持续下降，对应的铁和锰还原细菌利用铁和锰的氧化物作为氧化剂。氧化铁和氧化锰作为电子受体，该过程中，其伴随产物 $Fe(HCO_3)_2$、Mn^{2+} 化合物等，这些都是极不稳定的化学耗氧因子，池底存在这些化学耗氧还原物质时，说明池塘底部缺氧状况非常严重。此时底部溶氧不仅仅是零，而是负值，即是一种负的溶解氧浓度。

当氧化还原电位进一步下降，硫酸和二氧化碳将作为氧化剂，成为电子受体和氢受体，分别产生硫化氢气体（H_2S）和甲烷（CH_4）。

由此可见，池塘底层处于缺氧环境状况产生的气体有氮气、氨气（NH_3）、硫化氢、甲烷。氨气、硫化氢易溶于水，很少达到过饱和产生游离的气体。氮气、甲烷不易溶于水，容易过饱和产生游离气体，导致鱼类患上气泡病。甲烷的产生，仅在底层氧债非常大的环境中才会发生。20世纪90年代，在加热温室的养鳖棚里水质极度恶化情况下出现甲烷过饱和。露天养殖池塘能够产生甲烷（CH_4）的环境很少。

由上述分析得知，养殖池塘容易产生过饱和的主要气体，有晴天上表水层藻类光合作用旺盛产生的氧气和池底有机物处于缺氧环境下脱氮产生的氮气。而高产养殖池塘的底部缺氧环境下发生硝酸呼吸或脱氮作用，是经常出现的状况。现在大多投喂高蛋白饲料，因此池底淤泥含氮有机物占比大，厌氧环境下，脱氮菌多时可达 30% 左右，因此硝酸呼吸产生的有害产物中，脱氮作用产生的氮气占比还是比较大的。

四、慢性气泡病常常成为继发病原性疾病的诱因

养殖生产实践中，大多对慢性气泡病没有认识，往往忽视、放任。患有气泡病的大鱼一直处在气体过饱和的水环境，鱼体内气泡或气柱长时间得不到释放与消除，将会阻塞血管，引起栓塞组织坏死等。如，鱼鳃部长时间存在气泡或气柱，会阻塞血液循环，使其鳃丝损伤或坏死，这不仅会影响鳃部的生理功能，还会降低机体免疫力，造成寄生虫的侵扰，以及继发性细菌感染，呈现程度不一的烂鳃病症状。对于存在气泡的各个鳍条或体表，会进一步发展成鳍条、体表溃烂、充血，继而寄生虫侵扰，或继发

性细菌感染，发展成大片溃烂，红肿出血。近几年来，如鱼体烂身、溃疡，烂鳃，水霉等这类久治不愈的顽疾，许多发病的前期都与气泡病相关联。

从养殖品种来说，一些如乌鳢、鳖、泥鳅、黄颡鱼等耐低氧、生命力很强的养殖品种，为什么更容易出现烂身、溃疡等久治不愈的顽疾？主要是因为人们只着眼于这些养殖品种溶氧方面的需求，而忽视了池塘生态系统循环运转所需求的溶氧。致使这些耐低氧养殖品种的密度更大，池底缺氧更严重，由硝酸呼吸或脱氮作用产生的氮气，其过饱和现象更严重，且长期存在。

出现上述外观症状，如烂鳃，鳍条、体表溃烂、溃疡，水霉，鱼体充血发红等，往往采取的是施用杀虫剂、硫醚沙星、消毒剂、抗生素等杀虫灭菌的行为。这些措施行为客观上只能起到破坏水体生态系统，损伤鱼体自身免疫的作用，起不到实质治疗效果。很少有人溯本求源，想到这是由非病原性的气泡病引起的，进而想方设法解决或消除水环境中气体过饱和的现象。

第十七章
养殖鱼类粪便残饵是池塘
优良的肥料

一、施肥养鱼是我国独创的低成本生态养殖模式

施肥是我国传统池塘养鱼生产的重要措施。池塘施肥在我国有着悠久历史，例如两广地区采取的"大草沤肥"，江苏、浙江、湖南、湖北等地采取的人粪、畜禽粪便，进行施肥养鱼，并积累了丰富的经验。

施肥养鱼是我国独创的、低成本养鱼技术，20世纪80年代以前施肥养鱼普遍应用。其对于水产养殖技术实践探索、经验总结起着积极的推动作用。

1. 池塘施肥的作用

池塘养殖要获得更高的鱼产量，必须具备丰富的饵料生物。要衍生出尽可能多的饵料生物，必须具备充足的营养物质基础。因为池塘中饵料生物的生产、生长和繁殖，都是来自于这些营养物质基础的。营养物质基础就是池塘的"肥度"。

每年从鱼池中捕捞大量鱼类，也就是要随鱼体带走相应的营养物质。

如果不向池塘补充这些营养物质，就将使池塘物质循环和饵料生物的发展受到影响，长此以往池塘生产力将逐渐降低。池塘施肥的作用就是增加池塘中的各种营养物质的数量，促进饵料生物的大量繁殖，保证池塘最大限度的生产力。

2. 无机肥料与有机肥料

（1）无机肥料　无机肥料也称化学肥料，俗称化肥，以所含成分的不同分为氮肥、磷肥、钾肥、钙肥等。

依据氮元素在氮肥中的形态不同，氮肥可分为三类：氨态氮肥、硝态氮肥、酰胺态氮肥。氨态氮肥中的氮元素，是以氨的形态存在。氨态氮肥都容易溶解于水，溶解后铵离子（NH_4^+）能被植物（藻类）直接吸收。常见的氨态氮肥有：硫酸铵［$(NH_4)_2SO_4$］、氯化铵（NH_4Cl）、碳酸氢铵（NH_4HCO_3）、氨水（NH_4OH）。

硝态氮肥中的氮元素，以硝酸根离子（NO_3^-）的形态存在。硝态氮肥都容易溶解于水，溶解后形成硝酸根离子（NO_3^-）能被植物（藻类）直接吸收，取得氮元素养分。硝酸铵（NH_4NO_3）是最常见的硝态氮肥。

酰胺态氮肥主要指尿素［$(NH_2)_2CO$］，尿素在水中溶解后，不能被植物（藻类）直接吸收。施放尿素后酰胺态氮必须转化成为铵态氮才能被藻类吸收利用。

$$(NH_2)_2CO + 2H_2O \longrightarrow (NH_4)_2CO_3$$

磷肥以水溶性磷肥为主，能在水中溶解生成 PO_4^{3-}、$H_2PO_4^-$ 或 HPO_4^{2-}，容易被植物（藻类）吸收利用。最常见的磷肥是过磷酸钙［$Ca(H_2PO_4)_2$］。

（2）有机肥料　有机肥料所含营养元素全面，不但含有氮、碳、磷、钾，还含有其他各种微量元素，所以有机肥料效果好。

有机肥料主要有绿肥、粪肥和混合堆肥，与化肥相比，施用后需要分解，肥效持久。

两广地区采取的"大草沤肥"就是绿肥施用的一种方式，所谓大草

（绿肥）主要指菊科、豆科植物及少数禾本科植物，以及各种人工栽培的陆生植物等。施放绿肥时，将肥料堆放在池塘一角的水中，经常翻动，加速其腐烂分解，最后把不易腐烂的部分捞出池外。

粪肥主要有人粪尿，鸡粪、猪粪、牛粪等畜禽粪便。粪肥的肥分高，具有丰富的有机物质，对提高池塘肥力有很大作用，因此，粪肥是池塘施肥非常普遍的有机肥料。

混合堆肥是利用绿肥、粪肥混合堆制发酵而成。

（3）有机粪肥的优势　有机粪肥施用后需要经过分解环节，正是这些分解过程，粪肥在池塘中相伴相生出大量细菌。粪肥就是细菌的营养食物，粪肥经过一系列细菌种群的摄食消化，一级接着一级细菌的代谢产物，形成分解过程。该过程一方面产生大量细菌生物量，另一方面将粪肥复杂有机物分解为简单无机元素，以便藻类能够吸收利用。

细菌同藻类一样是池塘天然生产力的基础食物源，某种程度上说，细菌是比藻类更为重要的基础食物源。有机粪肥的优势不仅体现在营养全面，更重要的是它衍生出大量细菌生物量，能够繁育种类更加多样化的饵料生物。

在维持池塘水体生态系统运转顺畅方面，有机粪肥起着很好的促进平衡作用。光合作用与呼吸作用是池塘水体生态系统两大基础代谢机能，需要保持平衡，不能偏废。池塘施放有机粪肥发挥肥力作用的机理，就是细菌的呼吸作用与藻类的光合作用相互耦合、相互协调、相互平衡的过程。若缺少细菌的呼吸作用，譬如使用化肥促进藻类的光合作用，CO_2 大量消耗，缺少来自呼吸作用对 CO_2 的补充，池塘水体 pH 将会不断攀高，或藻类疯长引起"倒藻"，都会导致池塘生态系统崩溃。

二、养殖鱼类粪便残饵是池塘最优良的肥料

从 20 世纪 80 年代配合饲料在池塘养殖上开始使用，池塘养鱼使用配合饲料的养殖技术模式快速推广，该模式规模面积迅速扩大，养殖产量大

幅度提高，从原来施肥养鱼亩产 100～200 千克，提高到亩产 1000～2000 千克，翻了约 10 倍。

随着配合饲料使用越来越普遍，鱼产量越来越高，投喂饲料量越来越大。同时池塘养殖水体发生着根本性的转变，那就是残饵粪便积累越来越多。原来施肥养鱼到处寻找肥源，花费大量人力物力施肥，以增加池塘水体氮、碳、磷等营养元素，提高鱼类生产力。而当池塘自身产生了大量残饵粪便等优质肥料时，养殖业者却忘记了施肥养鱼的机理，不知道这些优质肥料还能通过生态系统衍生出饵料生物，从而产生大量的渔产品。任由残饵粪便积累越来越多，富营养化程度越来越严重，以致水质恶化，病害丛生。

1. 鱼类的营养需求与水体细菌、藻类以及饵料生物营养需求是一致的

有学者认为，鱼虾的粪便、残饵在某种意义上也是肥料，但由于饲料的营养组成是为鱼虾的营养需要而设计的，不是作为池塘保持良好生态所需要的藻类和细菌的营养需要而设计的。所以鱼虾粪便、残饵作为肥料，它的营养组成往往不能满足保持良好生态所需要的藻类和细菌的营养需要。

该观点作者不能认同。自然水体中，细菌、藻类作为天然生产力的基础食物源，是吸收富集所在水体的营养盐。细菌、藻类通过食物链营养级诸如原生动物、浮游动物等饵料生物逐级向上传递，这些饵料生物又是鱼虾所摄取的食物，也就是说自然水体鱼虾或直接摄食、或间接摄食（通过饵料生物）细菌和藻类。根据水域生态食物网食性分析——碳氮稳定同位素分析的理论基础，作为基础食物源细菌、藻类的营养需求与摄食者鱼虾的营养标准最匹配。

配合饵料的配方，就是依据鱼虾自身营养标准而设计的。池塘施肥的目的就是繁衍培育细菌、藻类、浮游动物等饵料生物，针对鱼类营养需求而设计制作的配合饲料，其营养成分组成与细菌、藻类、浮游动物等饵料生物也是一致的。因此投喂配合饲料的池塘中，鱼虾粪便残饵营养组成最符合细菌藻类的营养需求了。任何陆生畜禽粪便，不论是鸡粪、猪粪、牛

粪等营养组分，与细菌藻类营养需求的一致性方面，都远远无法和鱼虾粪便、残饵相比。

所以，养殖鱼类的残饵和粪便是与细菌、藻类、浮游动物等饵料生物营养需要最匹配、最全面的肥料，是池塘最优良的肥料。

2. 市场上常见的肥水产品

应用在水产养殖的肥水产品种类繁多，大致可分为如下几类。

（1）氨基酸类肥水素或肥水膏　低值含氮小分子有机质（粗蛋白），原料来自屠宰场动物低值下脚料的水解产物，或谷物类加工分解提取后的低值副产品。主要作用是为各类微生物提供有机氮源和无机氮源。

（2）碳源类肥水膏　提供有机碳源，原料为糖蜜膏或糖蜜粉。糖蜜是制糖工业的副产品，是一种黏稠、黑褐色、呈半流动的物体。成分因制糖原料、加工条件的不同而有差异。其中主要含有大量可发酵糖，因而是很好的碳源原料。糖蜜产量较大的有甘蔗糖蜜、甜菜糖蜜、葡萄糖蜜。主要作用是为细菌藻类提供碳源能量。

（3）藻种菌种类　有小球藻、硅藻等，藻类生长素（激活因子）；光合细菌、芽孢杆菌、乳酸菌、硝化细菌、酵母菌等，主要作用就是培菌培藻。

（4）无机矿物盐　铜、铁、锌、锰、磷等可溶性无机化合物。其主要作用是为各类细菌藻类提供矿物质营养盐。

市场上的肥水产品科技含量普遍不高，缺乏有针对性、差异化的产品。

畜禽粪肥水效果好，但商品化程度低，主要原因是原料成本高，没有足够的利润空间留给市场营销中间环节。

3. 外来肥源是否必不可少

（1）池塘肥分不需要类似农作物的"测土施肥"　农田与养殖池塘有很大不同，农田农作物一旦种子播种，这块农田作物品种就固定下来。针对这些特定的作物，这块农田土壤的营养成分对应该作物营养需求，可能存在偏差，如某种营养成分欠缺了，测土施肥进行补充。

而池塘肥分是用来衍生细菌、藻类，培养饵料生物。衍生的细菌藻类成百上千种，不需要某种特定的细菌、藻类。细菌是与池塘残饵粪便有机物相伴相生的，什么样的有机物衍生出相应的细菌种群，不需要特定的某种细菌来限定有机物的营养组成。藻类也是一样，不是特定的某种藻类。

需要强调的是，这里讨论的肥料，主要指碳、氮、磷大宗肥分，与总碱度、硬度等水质指标调节不同。总碱度、硬度指标的"测水调节"涉及 HCO_3^-（CO_2，CO_3^{2-}）、Ca^{2+}、Mg^{2+} 等水质八大离子的调节，这是池塘养殖水质科学调节的主要内容之一。

（2）藻类和植物对营养盐元素的相对需求量与相对可获得量　一般磷是自然淡水中最有可能的限制营养盐元素，把磷相对可获得量与相对需求量之比设定为 1，藻类和植物对营养盐各元素的相对可获得量与相对需求量列于表 18-1。表 18-1 中还列出了各种元素的主要用途。

表 18-1　用可获得量与相对需求量之比反映营养盐各元素的供需关系

元素	可获得量	相对需求量	可获得量/相对需求量	用途
Na	32	0.5	64	细胞膜
Mg	22	1.4	16	叶绿素、能量传递
Si	268	0.7	383	细胞壁（硅藻）
P	1	1	1	DNA RNA ATP 酶
K	20	6	3	酶催化剂
Ca	40	8	5	细胞膜
Mn	0.9	0.3	3	光合作用、酶
Fe	54	0.06	900	酶
Co	0.02	0.0002	100	维生素 B_{12}
Cu	0.05	0.006	8	酶
Zn	0.07	0.04	2	酶催化剂
Mo	0.001	0.0004	3	酶

资料来源：Christer Bronmark, Lars-Anders Hansson. 湖泊与池塘生物学. 韩博平，等译. 2 版. 北京：高等教育出版社，2013。

从表 18-1 可以看出，磷可获得量与相对需求量之比为 1，表中其他营养盐各元素可获得量与相对需求量之比均大于 1，则表明与磷相比，该元素供应相对充足，藻类和植物对该元素的需求相对容易得到满足。

针对自然水体营养盐各元素的供需关系，渔类饲料配制设计中，将有可能成为限制的元素进行额外添加补充，除了添加相当比例的磷酸二氢钙（盐）补充磷元素，还专门配制矿物质添加剂补充相应的锌、钾、锰、钼等元素。

藻类所需要的营养盐，可获得量与相对需求量之比偏小的磷（1）、锌（2）、锰（3）、钼（3）等营养元素，也就是说自然水体有可能欠缺的营养盐，渔类配合饲料配方设计都有相应比例的添加补充，因此，投喂饲料的养殖池塘无需担忧某种营养盐的缺失。

4. 善于利用粪便残饵是生态养殖的必选项，也是病害科学防治的最好途径

池塘养殖同集约化畜禽养殖模式一样，每天都需要投喂大量饲料，产生了大量粪便残饵等有机废物。但是，鱼类粪便、残饵散失混杂在鱼儿所处的水环境里，难以及时分离。只要池塘不清塘不清淤，整个养殖季节鱼类粪便残饵一直累积在池塘中。

池塘养殖如何解决此棘手的问题？那就要充分认识和依靠池塘生态系统自身循环运转及其自我净化的功能，将残饵粪便充分利用起来，转化为饵料生物，最终变为具有经济价值的渔产品。

第十八章
零用药解决青苔防治难题

　　青苔（青泥苔），河南地区多称作水绵，是常见的丝状绿藻的总称。丝状绿藻有两类，其中一类，隶属于接合藻纲，双星藻目，双星藻科的水绵属、双星藻属、转板藻属，是青泥苔的主要成分；丝状绿藻另一类，隶属于绿藻纲，绿球藻目，水网科的水网藻属。

　　丝状绿藻繁殖能力与生命力都很强，适温范围较广，生长繁茂成丝棉体，呈团块状悬浮于水体，其危害体现在以下三个方面。第一，大量消耗水体养分使水质变得清瘦，饵料生物不能大量繁殖，影响水产养殖动物正常生长。第二，鱼苗鱼种培育池，鱼苗钻入丝绵体中容易缠住难以逃脱而困死；虾蟹养殖池塘，因丝状绿藻附着在虾、蟹等养殖动物的鳃、颊、额等处，使其活动困难，摄食减少，容易窒息死亡。第三，青泥苔在池中死亡分解过程，恶化水质，产生硫化氢等有毒气体，提高池中氨氮的含量，降低水中溶解氧，从而造成养殖动物中毒缺氧，给渔业生产带来严重危害。

一、丝状绿藻繁殖方式和形态

　　丝状绿藻的生殖方式有以下 3 种：

（1）营养繁殖　是常见的细胞分裂的繁殖方式。绝大多数单细胞种类以细胞分裂形成新的个体，群体则以此增加细胞数量；群体、丝状体的营养繁殖，还可以藻体断裂分离的方式进行。

（2）无性繁殖　形成各种孢子，有动孢子、静孢子、似亲孢子及厚壁孢子。

（3）有性繁殖　是否接合生殖成为绿藻纲与接合藻纲的区分特征。不为接合生殖的绿藻纲，有同配、异配和卵配生殖；接合藻纲有性生殖为特殊的接合生殖，由营养细胞形成不具鞭毛的可变形的配子相互结合，产生接合孢子（合子）。

水网藻属，为肉眼可见的大型网片状或网带状群体，每一网目由4～6个长筒形的细胞组成。幼年细胞有1个片状的色素体、1个蛋白核和1个细胞核，成年细胞色素体呈网状或分裂为多块，蛋白核及细胞核数目也随之增加。分布广，湖湾、池塘、沟渠常见。在池塘中大量繁殖时，可导致水质清瘦，并使仔鱼缠扰致死。

双星藻科，植物体为不分枝的丝状体，偶尔产生假根状的分支。细胞圆柱形。色素体为螺旋带状、板状或星状。蛋白核1至多个。细胞核1个，常位于中央。接合生殖有梯形接合和侧面接合。接合孢子在接合管中或在配子囊中形成，均为淡水种类。常在塘堰、沟渠、稻田或小水坑等繁生，漂浮于水面，形成碧绿色藻团。其中常见的水绵属，色素体1～16条，为周生盘绕的螺旋带状，其上具一列蛋白核。生长初期为亮绿色，生殖期或衰老期为黄绿色、黄色的棉絮状，漂浮于水面。

二、药物防治青苔

1. 常用消毒剂能有效彻底预防青苔吗？

青苔生命力非常顽强，隶属于绿藻纲的水网藻，多以动孢子繁殖；隶属于接合藻纲的水绵、双星藻、转板藻是以接合孢子繁殖。不论动孢子还是接合孢子，都是丝状绿藻应对恶劣环境的生存手段，一般的清塘剂、消毒剂对它无效，如醛、漂白粉、二氧化氯等，在环境不好的情况下这些孢子可以下沉到底泥中，能够应对比较恶劣的环境，等水环境适宜了它再萌发，这就是青苔为什么难以用药物彻底有效预防和杀灭的主要原因。

2. 药物杀灭青苔常常陷入两难的困境

杀灭青苔的药物除了传统的硫酸铜、生石灰以外，市场上涌现出许多品类名目的杀灭青苔药物，诸如扑草净、青苔净、苔藻净、灭苔护草胺、青苔杀手、草爽、清苔灵（青苔宁）等，其主要成分均为二甲基三苯基氯化磷、氯溴异氰尿酸、三嗪类除草剂。

据有关文献报道，这些杀灭青苔的药物均具有较强的植物杀灭作用。容易与土壤、底泥结合且不易分解，药效残存时间长，底泥中有效期可达3~10周。因此池塘用药后，虽经多次换水再补栽水草，仍然难以存活。

施用杀灭青苔药物，对水体会产生一定的副作用，造成池塘水质恶化。青苔及水草被杀灭后，腐烂变质，消耗大量溶氧，氨氮大幅升高。试验表明，施用草爽（二甲基三苯基氯化磷）3天后，水中氨氮含量较用药之前升高了3.2倍；施用青苔杀手3天后，氨氮增幅1.8倍；施用硫酸铜3天后，氨氮增幅2.3倍。

杀灭青苔的药物安全系数低，风险很大。若药物浓度处在安全范围内，对青苔、水草均无明显杀灭作用。有学者试验研究，清苔灵（青苔宁）按说明书推荐浓度每1米^{3}水体0.15克施用，对水草、青苔均没有作用。加大至每1米^{3}水体0.3克的浓度，对水草无明显危害，对虾蟹毒害作用也没有马上体现出来，但对青苔的杀灭效果亦不显著。

假如进一步加大杀灭青苔药物的浓度，杀灭青苔的同时，也会造成大量水草死亡，而且对池塘虾蟹有很大的毒害作用。青苔、水草大量死亡腐烂变质，消耗大量溶氧，此时若遇到阴雨天气池塘整体缺氧，不仅敏感性强的虾蟹大量死亡，甚至鱼类等水生动物也会大量死亡，损失惨重。

三、 2019 年春季杀青苔药害风波

2019 年 3 月下旬江苏常熟、高淳等地农业执法部门陆续收到大量投诉，施用杀青苔药物后，虾、蟹养殖池塘出现了水草大量死亡，以及青虾、蟹苗死亡现象，造成严重的经济损失。

经调查了解，这些虾、蟹养殖池塘为了控制青苔，施用了青苔灵、青苔速灭、蓝苔精灵等杀青苔药物，池中伊乐藻、苦草、轮叶黑藻出现大量死亡，水草死亡腐败大量耗氧，导致氨氮、亚硝酸盐等有毒有害物质浓度明显升高，扣蟹出现爬坡、停食等。加上气温逐渐升高，不少虾蟹池塘出现了大量淡水青虾和蟹苗死亡的现象。

与此同时，湖北的监利、洪湖等地区克氏原螯虾养殖池塘也出现了施用杀青苔药物导致水草大量死亡，并伴随克氏原螯虾（小龙虾）死亡。同一时期，江苏盱眙、江苏太仓、安徽无为、江苏宜兴等地施用杀青苔药物都出现了水草大量死亡，并导致池中蟹、青虾、小龙虾死亡的情况。

药害事件过程中，涉事生产企业积极提出补救措施，提出采用过氧碳酸钠、高铁酸盐等改良水质、增加溶氧、降低氨氮，帮助蟹农补种水草等措施，但收效甚微，无法制止药害蔓延的趋势。

"青苔药害事件"波及范围广，经济损失很大，并对涉及水域生态环境造成不同程度的影响，引起国家主管部门高度重视，随后采取了一系列的专项整治措施。

四、青苔防治难题有解吗？

未放养鱼苗的池塘杀灭青苔的一个有效做法就是采用大量草木灰撒在青苔上，厚厚一层草木灰覆盖在水面遮蔽光线。由此联想，晴朗天气的中

午时分，采取物理措施促进底泥悬浮浑浊水体，以此限制光合作用来抑制青苔。2012年笔者亲身经历的一个实例验证了这一措施的理想效果。

2012年，郑州西郊黄河滩区万亩连片养殖区中一个武昌鱼苗种培育池，面积15亩，当年5月份放养武昌鱼苗夏花，6月中旬出现了青苔，以棉絮状悬浮于水中，当丝绵状青苔遮盖了近1/4的池塘表面时，该养殖户开始重视起来，每天早晚各打捞1～2次，累得精疲力竭，但不起作用，青苔越来越多。

坚持人工打捞的同时，采取施用生石灰、硫酸铜、有机生物肥等措施。硫酸铜0.7～1克/米³；生石灰开始10千克/亩，后来加大到25千克/亩用量，全池泼洒，重点在青苔密布处，施药的同时用工具将青苔搅动，让硫酸铜或生石灰与青苔充分混合，依然没有任何效果。后来也尝试了渔医推荐的扑草净、清苔灵等专一的杀青苔药物，收效甚微。

8月中旬，笔者实地观察，黄绿色棉絮状青苔几乎覆盖整个水面，夹杂着斑斑点点灰白色，笼罩水体。投料机抛投的饲料落在棉絮状青苔上，进不到水中，武昌鱼苗常常缠绕进青苔中难以自拔，整个水体清瘦，清澈见底。

该养殖户采用了各种措施，反反复复两个多月，但作用不大。现场又有人提出杀灭青苔的"绝招"，施用草木灰，但这是针对未放养鱼苗的池塘才能放心施用，厚厚的一层草木灰覆盖水面，风险太大。此时笔者看到了池塘安置的3台叶轮式增氧机，由于不存在缺氧现象，增氧机从来没有开过。笔者就对养殖户建议，让他采取的措施：晴朗天气中午时分打开增氧机2个小时左右，促使底泥再悬浮，让整个池塘水体浑浊起来，可以连续开一次，也可以开两次。

一周后，该养殖户电话告知，池中青苔减少了。9月初，到现场发现青苔彻底控制住了。

第十九章
慢性气泡病与春季"鱼瘟"零用药解决方案

经验丰富的水产养殖业者大多都知道，淡水养殖鱼类疾病高发时间和严重流行季节，大都是每年的高温季节，鱼类疾病的流行高峰期很少处在冬季或早春的低温季节。但是，自 2013 年以来，在我国华中地区的一些水产养殖区域，尚处于低温时期的早春，就开始出现了越冬后养殖鱼类所谓的"越冬综合征"导致的暴发性死亡。由于波及范围广，发病率与病死率均很高，加上"鱼瘟"暴发时期尚处于低温季节，给水产养殖业者控制这种病害造成了前所未有的困难，治疗效果差。

"鱼瘟"病因众说纷纭，有拉网擦伤、越冬冻伤论，有劣质饲料、营养不良论，有种质退化免疫低下论等。

一、春季"鱼瘟"主要症状及其防治误区

春季"鱼瘟"病鱼症状多表现为烂身、溃疡、充血赤皮、水霉等，解剖可见腹水、肠炎、肝胆损伤。针对这些外观症状，把相对应的预防治疗药物一遍遍泼洒，一次次拌饵投喂。如发现了水霉、溃疡，泼洒水霉灵、

腐皮康、硫醚沙星等药物；鱼体鳃上镜检发现大量的斜管虫、杯体虫、车轮虫等纤毛虫也是常见的，泼洒硫酸铜、硫酸锌、纤毛清、纤毛净等各类杀虫剂；发现发炎、充血，各种含氯、含碘消毒剂，以及各类抗生素药物更是需要轮番泼洒；加上中西医结合的健肠胃、保肝护胆、增强免疫力的各类内服药物，拌饵投喂，从越冬前，贯穿全过程。

　　近十年来，依照上述防治策略，采取了各种各样的预防措施，实施了各种药物治疗手段，都不能阻止春季"鱼瘟"年复一年的暴发流行。

二、慢性气泡病是春季"鱼瘟"暴发的主要诱因

　　暴发春季"鱼瘟"的大多是半成品或即将上市的成品鱼养殖池塘，载鱼量大，底部有机物淤泥多。慢性气泡病能够成为春季"鱼瘟"流行诱因的前提条件，一是存在气体过饱和的水环境；二是气体过饱和环境持续较长的时间。冬季池塘水体怎样会形成气体过饱和的环境呢？

1. 冬季水温"逆分层"

　　前面章节论述了夏秋季的"正分层"阻碍着上下水层的交流，致使池塘底部处于缺氧环境，沉积有机物进行厌氧分解，产生大量氮气，形成过饱和气体的水环境。越冬期间，同样存在水温分层阻碍着上下水层的交流，致使池塘底部沉积有机物进行厌氧分解，产生大量氮气，形成过饱和气体的水环境。此时与"正分层"相反，是上层冷水下层水温较高的"逆分层"。冬季表层水温处于0℃左右，而池塘底部稳定在4℃水温。"逆分层"相对于"正分层"更是被人们所忽视，生产实践中认识到这一点更少。

　　当表层水温低于0℃时，底部水温4℃，虽然温差不过4℃，但上下水层密度差很大。当水温低于0℃时，冰的密度0.917克/厘米^3，最大密度值出现在4℃，水密度1克/厘米^3。从图19-1可以看出，"逆分层"4℃温

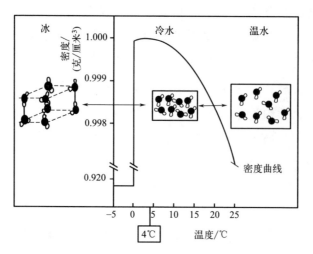

图 19-1　水的密度随温度变化的曲线（引自 Bronmark, C. 2013）

差呈现的水密度差，大于"正分层"温差 20 多摄氏度的密度差，因此，冬季"逆分层"形成的上下分层更为牢固。加上冬季处于喂养停食阶段，生产活动少，上下水层交流的机会更少。

2. 慢性气泡病导致春季"鱼瘟"暴发原因分析

冬季"逆分层"阻碍着上下水层的交流，对于沉积有机物丰富的池塘，底部常常处在缺氧环境，有机物厌氧分解已是普遍现象，氮气过饱和成为常态。氮气过饱和的水体，通过鱼类呼吸系统和循环系统进入鱼体各处组织，致使鱼类出现气泡病的症状。不论是鱼苗还是大鱼，只要处于气体过饱和环境中，均无法避免游离气体进入体内。只是其敏感性、耐受度有很大的差异。

患有气泡病半成品、成品的大鱼一直处在气体过饱和的水环境，鱼体内的气泡或气柱长时间得不到释放与消除，将会阻塞血管，引起栓塞、组织坏死等严重情形的发生。诸如，鱼儿鳃部存在气泡或气柱，阻塞血液循环，长时间存在，其鳃丝就会坏死或有损伤。不仅影响鳃部的生理功能，还会降低机体免疫力，容易造成寄生虫的侵扰，类似斜管虫、杯体虫、车轮虫等纤毛虫大量寄生，以及继发性细菌或鳃霉感染，呈现程度不一的烂鳃病症状。

对于存在气泡的各个鳍条或体表，会进一步发展为鳍条、体表充血、溃疡，衍生大量水霉，或继发性细菌感染，发展成大片溃烂，红肿出血。同样，气泡进入内部脏器，且长时间得不到释放与消除，就会引起腹腔、肝胆肠等器官损伤发炎、充血，腹水、套肠等。这些都是春季"鱼瘟"的典型症状。

越冬后春季时节养殖鱼类暴发"鱼瘟"比较严重的地区，主要是在我国的湖南、湖北、江苏、浙江、四川、安徽和河南等部分水产养殖地区。这些地区都有明显的越冬季节，池塘表层水温连续处在0℃左右或结冰期较长，也就是说存在"逆分层"持续半个月以上。

而越冬期较短或者冬天水温比较高的福建、广东、广西和海南等水产养殖地区，越冬后出现春季"鱼瘟"暴发性死亡现象较少。这些地区表层水温低于4℃时间很少，或低于4℃时间很短，不会出现明显"逆分层"，且维持着正常生产活动，如投饵、开启增氧机等。这些地区存在上下水层交流的机会，不会出现底部长时间厌氧分解的状况，难以形成过饱和气体水环境，即使出现饱和气体的环境也维持不了多长时间。因此，由慢性气泡病作为诱因引起的大面积春季"鱼瘟"暴发性死亡症则很少发生。

3. 作为春季"鱼瘟"诱因的慢性气泡病不易发现的原因

慢性气泡病是处在春季"鱼瘟"前期阶段，时间是"逆分层"的冬季，是越冬停食阶段，鱼类新陈代谢低，活动少。

慢性气泡病是指大鱼身体存在气泡的症状，不会直接出现致死现象，人们主观上往往轻视，加上初期气泡小，无色透明，不易观察。在慢性气泡病认识上也存在认知盲区，多数人认为气泡病是由氧气过饱和引起，认识不到还会出现由氮气过饱和引起的气泡病。气泡病关注重点也都在鱼苗培育阶段。

大鱼身体出现气泡症状，只要气体过饱和环境短时间解除或消失，不会对鱼体造成直接伤害。之所以出现后遗症，成为春季"鱼瘟"的诱因，在于池塘底部长时间处在氮气过饱和的环境，鱼体内气泡难以消除，长期存在，就会导致阻塞血液循环，使组织坏死、充血发炎等慢性气泡病的后遗症状。

一些长期在基层从事鱼病诊疗的渔医朋友反馈的情况，他们诊疗活动大多是在农历正月过后才开始的。越冬期间生产活动都处于停滞状态，很少再去关注养殖池塘，养殖户很少有看鱼病的需求，平时也很少见到鱼，即使撒网也不好捞到鱼，往往错失了观察气泡症状的机会。当池塘出现鱼类上浮漫游，已经是气泡病后遗症状，就是存在气泡阻塞组织坏死、充血发炎等现象，此时就很难观察到气泡了。

三、 饲料质量以及越冬停食引起营养不良是春季暴发 "鱼瘟"的原因之一

1. 饲料质量差容易造成养殖鱼类营养不良以及代谢障碍

从水产饲料使用惯例分析，按饲养鱼类鱼苗、鱼种、成鱼不同生长阶段，或按养殖年度前、中、后期，饲料分为前期饲料、中期饲料、后期饲料，质量从前到后逐步降低。按养殖户思维习惯，深秋后期喂养仅仅用于鱼类越冬保膘，高价格采购优质饲料不划算，因此导致越冬前投喂的饲料营养不足。摄食这些低质饲料的养殖鱼类，需要度过漫长的越冬停食阶段，期间体内营养物质和能量不能满足其机体消耗的需求，或出现营养代谢障碍、功能失调，就必然会导致养殖鱼类自身的免疫机能下降，抗病力降低。

2. 越冬过长的停食期不利于养殖鱼类免疫力的提高

传统养鱼教科书上，每种养殖鱼类生物学特性介绍中都有该种鱼类生长适宜温度或摄食水温范围，低于某个水温下限，作为变温动物的鱼类新陈代谢降低，被人们认为没有摄食欲望，因此冬季都有很长的停食期。例如郑州地区冬季有长达 4 个多月的停食期。

这种认识不全面，水温低时鱼类新陈代谢水平低，但不是没有新陈代谢，作为生活着的动物仍然有能量消耗和营养需求，长时间停食，缺少营养、能量补充，难以维持鱼类正常的生命生理活动，其免疫力和抗病力将会降低。近几年来，微信群或朋友圈经常有几摄氏度水温时鱼类上浮抢食场景的出现。即使在厚冰覆盖的湖泊和池塘中，人们也可以钓上摄食鱼类，可以证明即使在寒冷的越冬期间，底层的养殖鱼类还是会有食欲的，也是可以摄食的。

因此，生产实践中，建议越冬前停食可以延后，开春需要提前投料喂养，大幅缩短停食期。在停食期的冬日里，遇上天气晴朗或者水温较高的天气，应该视情况适量投喂一些优质饲料，补充越冬鱼类的能量消耗和满足营养需求。

参考文献

[1] Claude E. Boyd. 池塘养殖水质. 林文辉，译. 广州：广东科技出版社，2003.

[2] Claude E. Boyd. 池塘养殖底质. 林文辉，译. 广州：广东科技出版社，2004.

[3] 雷衍之. 养殖水环境化学. 北京：中国农业出版社，2004.

[4] 高士其. 高士其全集·1. 北京：航空工业出版社，2005.

[5] 王凯雄，朱优峰. 水化学. 北京：化学工业出版社，2009.

[6] Christer Bronmark, Lars-Anders Hansson. 湖泊与池塘生物学. 韩博平，等译. 2版. 北京：高等教育出版社，2013.

[7] 李 R E. 藻类学. 段德麟，等译. 4版. 北京：科学出版社，2012.

[8] 谢平. 论蓝藻水华的发生机制——从生物进化、生物地球化学和生态学视点. 北京：科学出版社，2007.

[9] 马丁·布莱泽. 消失的微生物——滥用抗生素引发的健康危机. 傅贺，译. 长沙：湖南科学技术出版社，2016.

[10] 周兰. 水产微生物学. 北京：中国农业出版社，2013.

[11] 湛江水产专科学校. 淡水养殖水化学. 北京：中国农业出版社，1980.

[12] 汪建国. 鱼病学. 北京：中国农业出版社，2013.

[13] 林浩然. 鱼类生理学. 广州：中山大学出版社，2011.

[14] 蒋发俊，等. 生态养鳖新技术. 北京：化学工业出版社，2016.

[15] 林文辉，苏跃朋. 池塘里的那些事儿：养好池塘就是养好了南美白对虾. 北京：中国农业出版社，2017.

[16] 董杰英，杨宇，韩昌海，等. 鱼类对溶解气体过饱和水体的敏感性分析. 水生态学杂志，2012，33（3）：85-89.

[17] 宋明江，刘亚，龚全，等. 总溶解气体过饱和对达氏鲟急性致死效应. 淡水渔业，2018，48（5）：17-21.

[18] 彭天辉，潘连德，唐绍林. 大口黑鲈慢性气泡病的组织病理观察以及水体分层对发病的影响. 大连海洋大学学报，2013，28（6）：578-584.

[19] 蒋发俊，王祎. 鲤鱼"急性烂鳃"发病病因的探讨. 中国水产，2013（9）：58-60.

[20] 蒋发俊，王健华. 关于鱼类寄生虫病的一些思考. 科学养鱼，2015（2）：60-61.

[21] 蒋发俊. 河南沿黄滩区鲤鱼"急性烂鳃"的发病机理探讨. 中国水产，2015（3）：55-57.